饲料中维生素检测技术及动态

冯秀燕 杨宝良 魏秀莲 主编

中国农业科学技术出版社

图书在版编目（CIP）数据

饲料中维生素检测技术及动态 / 冯秀燕，杨宝良，魏秀莲主编. -- 北京：中国农业科学技术出版社，2021. 7

ISBN 978-7-5116-5383-3

Ⅰ. ①饲…　Ⅱ. ①冯… ②杨… ③魏…　Ⅲ. ①饲料-维生素-检测　Ⅳ. ①S816. 11

中国版本图书馆 CIP 数据核字（2021）第 127097 号

责任编辑　朱　绯　姚　欢
责任校对　李向荣
责任印制　姜义伟　王思文

出 版 者　中国农业科学技术出版社
北京市中关村南大街 12 号　邮编：100081
电　　话　(010)82106632(编辑室)　(010)82109702(发行部)
(010)82109709(读者服务部)
传　　真　(010)82106626
网　　址　http://www.castp.cn
经 销 者　各地新华书店
印 刷 者　北京建宏印刷有限公司
开　　本　170 mm×240 mm
印　　张　9. 5
字　　数　165 千字
版　　次　2021 年 7 月第 1 版　2021 年 7 月第 1 次印刷
定　　价　60. 00 元

《饲料中维生素检测技术及动态》编委会

主　编：冯秀燕　杨宝良　魏秀莲
副主编：娄迎霞　姚　婷　曹　林　刘　钧
王继彤　方　芳
编　者（按姓氏拼音排序）：
黄　骅　贾　涛　李　征　卢春香
孙志伟　徐理奇　于晓雷　赵　茜
郑君杰

前　言

维生素是一组化学结构不同、营养作用和生理功能各异的一类低分子有机化合物。它既不是能量的来源，也不是机体组织和器官的结构物质，但它是动物正常生命活动必需的，少量维生素即可维持机体正常的代谢、生长发育、繁殖、抵抗疫病及正常的生存。维生素的主要功能是参与构成动物体内高活性酶类，现已证明许多种酶都含有维生素。大多数维生素在动物体内不能合成，只有个别能由动物自身合成（反刍动物瘤胃内的微生物能合成多种维生素），但有些维生素合成的量极少，不能满足动物的正常需要，还需从饲料中获得，才能保证其正常生长发育和繁殖。目前已明确动物日粮中需要 13 种维生素，缺少任何一种都会使动物出现异常，如生长迟缓、生产力下降、抗病力减弱，甚至死亡。因此，维生素是饲料中非常重要的营养物质。

饲料中维生素的含量是饲料质量安全监测和饲料生产企业质量控制的必检指标。目前饲料中各种维生素的检测虽有相应的标准检测方法，但对在实际检测过程中容易出现的问题、注意事项以及一些关键技术点的把控，并未做详尽描述。为了使从事饲料中维生素检测的技术人员在实际工作中少走弯路，提高检测分析效率，北京市饲料监察所多名工作在一线、具有丰富检测经验的专家，根据多年维生素检测方面的工作积累，总结经验和成果形成本书，希望对从事饲料中维生素检测的技术人员能有所帮助。

本书共分为四章，第一章对每种维生素进行了简单介绍，第二章对每种维生素现行的标准检测方法进行了整理，第三章对不同种类维生素检测过程中的注意事项进行了梳理，第四章对近年来在维生素检测分析中应用的一些新技术、新方法进行了归纳总结。

由于本书编写时间紧张，编者水平有限，疏漏和不当之处在所难免，欢迎广大读者批评指正。

目　　录

第一章 维生素简介

第一节 维生素概述

一、维生素的发现及作用

维生素（Vitamin）也被称为“维他命”，表明其维持生命活力的重要性；英文 Vitamin 中的“Vita”意指“生命的”，“amine”是指“胺”，英文意为“生命胺”。维生素一词的前缀“Vita”是由美籍波兰生物化学家卡西米尔·冯克（Kazimierz Funk）博士于 1912 年命名的。几百年来，人们对维生素的认识从缺乏症表现和应用治疗，到补充机理和定性定量分析，研究认识不断深入。

维生素是人和动物为维持正常的生理功能，而必须从食物或饲料中获得的一类微量有机物质，在生长、代谢、发育过程中发挥着重要的作用。这类物质在体内既不是构成身体组织的原料，也不是能量的来源。维生素不参与构成人体和动物细胞，而是一类调节物质，是保持人和动物健康成长的重要活性物质，在物质代谢过程中起着不可替代的作用。人和动物的生理代谢活动必须要有酶和辅酶参与，现在已知的许多维生素都是酶的辅酶或者是辅酶的组成成分。因此，可以认为大部分的维生素是以“生物活性物质”的形式存在于人和动物体内。

维生素在人和动物体内含量极少，又不可或缺。多数维生素在人和动物体内不能合成或合成量不足，不能满足机体需求，需要由食物或饲料等外源方式进行补充。人和动物对维生素的需要量极少，日需要量或添加量以克（g）、毫克（mg）或微克（μg）计。科学界反复强调维生素对人和动物机体代谢需要的必需性，在动物养殖过程中，饲料主要由碳水化合物、蛋白质和脂肪三大类组成，维生素在饲料原料中虽然占比较小，但不可或缺，起着“四两拨千斤”的作用。维生素缺乏对动物健康的影响非常巨大，现代饲料业早已经把维生素、矿物质和氨基酸作为主要添加剂应用到生产中。因此，如何对饲料中维生素的添加种类及添加量进行准确检测分析，是保证饲料产品在养殖过程中饲喂效果的关键。现在我们常用色谱、质谱和红外等检测技术对维生素进行检测分析。

我们一般习惯将维生素按照其溶解性分为脂溶性维生素和水溶性维生素。但在实际营养代谢过程中，脂溶性维生素、水溶性维生素相互交汇融合，它们既像兄弟又像中国传统工艺的榫卯结构，维生素之间可产生精准的、独特的协同功效，而且很多维生素必须相互协同才能发挥效能。

二、维生素的定义及特点

维生素是一系列有机化合物的统称。它们是生物体所需要的微量营养成分，而一般又无法由生物体自己生产，需要通过采食等手段获得。维生素不能像碳水化合物、蛋白质及脂肪那样可以产生能量、组成细胞，但是它们对生物体的新陈代谢起调节作用。想要成为维生素家族的一员，应符合“一种少量存在于食物中，维持生命所必需的有机物，缺少时会发生特定疾病”的基本要求。学界对维生素定义的描述虽有不同，但内容相似。其中有五大关键词“必需、缺乏、代谢、外源、敏感”，具体为如下内容。

第一，必需。维生素是人和动物生长、活动所必需的有机化合物，对机体的新陈代谢、生长、发育、繁殖和健康有着极为重要的作用。

第二，缺乏。长期缺乏某种维生素会引起生理机能障碍而发生某种疾病。在食物和饲料中虽然含量很低，却是必不可少的核心微量物质。它们在体内不能合成，也不能在体内充分储存。

第三，代谢。维生素是参与动物代谢必不可少的有机化合物，与酶的催化作用有着密切关系，已知许多维生素是酶的辅酶或辅酶的组成成分。维生素不是构成机体组织和细胞的组成成分，不产生能量，其作用主要是参与机体代谢，是维持和调节机体正常代谢的重要物质。

第四，外源。动物体内不能合成维生素或合成量不足，一般通过外源摄入而获得。

第五，敏感。维生素对环境敏感，暴露于高温、高湿、紫外线环境或与金属结合容易失去功效或效价降低。

维生素的种类虽然很多，但它们存在很多的共性：① 维生素均以维生素原的形式存在于食物中；②维生素不是构成机体组织和细胞的组成成分，也不会产生能量，它的作用主要是参与机体代谢调节；③大多数维生素机体不能合成或合成量不足，不能满足机体需要，必须经常通过食物获得；④人或动物对维生素的需要量很小，日需要量常以毫克或微克计算，但一旦缺乏就会引发相应的维生素缺乏症，对人体或动物健康造成损害。

每种维生素都有着特殊的功能，彼此之间的作用不能相互替代。人或动物所需的维生素一般是外源性摄入，但也有一些可由动物自身消化系统中的微生物供给，如牛和羊的瘤胃或马和兔子的大肠。缺乏维生素会导致严重的健康问题，适量摄取维生素可以保持身体强壮健康，过量摄取维生素却会导致中毒。

三、维生素发现、分离与合成年表

现阶段，我们已知的维生素有 14 种，公认常用的 13 种，另外至少有十几种有争议的类维生素物质或维生素化合物。对这些类维生素物质开展各种实验，从结果来看不全是必需物质。然而，一些研究者认为，类维生素物质中很可能还有尚未发现的维生素物质和与其相似的活性。1849—1955 年，人们发现分离 16 种维生素，结果可合成 13 种。各种维生素的发现、分离、结构及合成年份见表 1-1。这些维生素由大量实验数据结果支持，被科学界认定为必需的维生素。

表 1-1　各种维生素的发现、分离、结构及合成年份

维生素	发现年份	分离年份	结构鉴定年份	成功合成年份
胆碱	1846	1849	1867	1940
维生素 B_2（核黄素）	1879	1932	1933	1935
硫胺素 B_1（硫胺素）	1906	1926	1932	1933
维生素 C（抗坏血酸）	1907	1926	1932	1933
维生素 A	1915	1937	1942	1947
维生素 D	1919	1932	1932（D_2） 1936（D_3）	1932 1936
泛酸	1919	1939	1939	1946
维生素 E	1922	1936	1938	1938
维生素 K	1929	1939	1939	1940

（续表）

维生素	发现年份	分离年份	结构鉴定年份	成功合成年份
烟酸（尼克酸）	1926	1937	1937	1971
生物素（维生素 H）	1926	1939	1942	1943
维生素 B_{12}	1926	1948	1955	1970
维生素 B_6（吡哆醇）	1931	1938	1939	1940
叶酸（叶精）（叶酸盐）	1931	1939	1943	1945
维生素 B_1	1933	1933	1934	1935
维生素 B_6	1934	1936	1938	1939

四、维生素的应用

现阶段，已知的维生素家族分为三大类 14 个成员（也有认为是 13 个成员），脂溶性维生素 A、维生素 D、维生素 E、维生素 K 共 4 种被称为 A 族维生素，B 族维生素或水溶性维生素：维生素 B_1、维生素 B_2、维生素 B_3、维生素 B_4、维生素 B_5、维生素 B_6、维生素 B_7、维生素 B_{11}、维生素 B_{12}、维生素 C 共 10 种，以及类维生素物质或维生素化合物。维生素产品在畜牧饲料、医药化妆品和食品饮料 3 个领域广泛应用，在不同领域中根据加工工艺分为不同产品剂型（具体应用情况见表 1-2）。

表 1-2　主要维生素种类和应用领域

分类	名称	主要代表	商品形式	应用领域
脂溶性维生素	维生素 A	A 醇（视黄醇）、A 醛、抗干眼醛、3-脱氢 A_2 醇	维生素 A 乙酸酯、软脂酸酯	饲料、医药
		维生素 A 原、β-胡萝卜素、γ-胡萝卜素	β-胡萝卜素	饲料、食品
	维生素 D	D_2（麦角钙化醇）、D_3（胆钙化醇）	维生素 D_2、维生素 D_3	饲料、医药
	维生素 E	α-生育酚、β-生育酚	D-α-生育酚 DL-α-生育酚 D-α-生育酚乙酸酯 DL-α-生育酚乙酸酯	饲料、医药
	维生素 K	K_1（植物甲萘醌）、K_2	维生素 K_1 维生素 K_3（甲萘醌）	饲料、医药

（续表）

分类	名称	主要代表	商品形式	应用领域
水溶性维生素	维生素 B_1	硫胺素	硫胺素盐酸盐 硫胺素硝酸盐 硫胺素焦磷酸盐	饲料、医药
	维生素 B_2	核黄素	核黄素 磷酸核黄素钠	饲料、医药
	维生素 B_3	烟酸、维生素 PP、尼克酸	烟酸、烟酰胺	饲料、医药
	维生素 B_4	胆碱	胆碱、氯化胆碱	饲料
	维生素 B_5	泛酸	泛酸钙/钠/醇	饲料、医药
	维生素 B_6	吡哆醇、吡哆醛、吡多胺	吡哆醇盐酸盐	饲料、医药
	维生素 B_7	生物素、维生素 H、辅酶 R	d-生物素	饲料、医药
	维生素 B_{11}	叶酸、维生素 M、蝶酰谷氨酸	叶酸	饲料、医药
	维生素 B_{12}	钴胺素、氰钴胺、辅酶 B_{12}	氰钴胺	饲料、医药
	维生素 C	抗坏血酸、脱氢抗坏血酸	抗坏血酸/钠/钙	饲料、食品、医药
类维生素化合物	肌醇	环己六醇、生物活性 I	肌醇	医药、保健
	维生素 B_{13}	乳清酸	乳清酸	医药
	维生素 P	生物类黄酮、硫辛酸、芦丁	生物类黄酮	医药
	维生素 B_T	维生素 B_T	肉碱（肉毒碱）	饲料、医药
	维生素 B_{15}	潘氨酸	潘氨酸	—
	辅酶 Q	泛醌	辅酶 Q	—
	维生素 B_{17}	苦杏仁苷、扁桃苷 对氨基苯甲酸 维生素 F 维生素 L	— — — —	— — — —

注：1. 人工合成的维生素 K_3 和维生素 K_4 是水溶性的；

2. 其中饲料占使用量 80%以上。

全球 80%的维生素（含氯化胆碱）以饲料添加剂形式应用于畜牧行业，其余 12%用于医药化妆品行业，8%用于食品行业。除了维生素 B_{12}、维生素 B_1、维生素 C 和肌醇等少数品种外，大部分维生素在饲料中的应用比例超过 70%，用量巨大。在饲料配方中维生素是不可或缺的，也是最昂贵的重要添加剂。

根据养殖动物的营养需求量，维生素可以分为以下 5 个层次：基础添加量/无临床缺乏症→生产需要量/维持正常生长性能→最大酶活和免疫反应→最大生长和生产性能→特殊或功能性需要。从饲料维生素产业链传递关系及附加值看，经历了石油/玉米→初加工产品→中间体→维生素饲料添加剂→多维预混合饲料→复合预混合饲料→浓配料→养殖场，这个过程使维生素的附加值不断增加。

维生素上游涉及医药化工，下游衔接饲料行业，一般在配合饲料中维生素添加比例为0.05%~0.08%，占产业成本的比例为2%~5%，维生素处于饲料价值链传递的上游端。动物养殖过程中，通过在饲料中添加维生素来满足动物生长过程中的生理需要，使动物生长性能大大提升，缩短饲喂时间，有效降低养殖成本。在我们餐桌上丰富的肉蛋奶供应的背后，维生素的支撑作用功不可没。随着养殖行业集约化程度越来越高，维生素的需求量也会不断增加，在饲料中的应用前景也更加广阔。

五、维生素的性质和形式

在药物、强化食品和饲料中应用维生素初期阶段，通常使用富含维生素的天然物质如酵母和小麦胚芽等，或用这些产品的浓缩物或提取物来满足工业加工维生素的严格要求。但是这类物质的维生素含量低且变异大，来源匮乏，对产品的特殊性质和贮存稳定性存在不良影响，保存维生素形态在许多应用方面不适合，天热物质要成为商品维生素产品很难。

有机化学新技术使得大多数维生素以工业化规模生产成为可能。合成维生素产品与相应的天然维生素的生物学活性完全相同，在应用领域，高纯度维生素工业化生产满足了市场需求。大多数维生素都是不稳定的，只有解决“稳定维生素”这个瓶颈，维生素才能在相应领域得到广泛应用。“稳定”包括某些纯维生素的一些其他性质，溶解度、物理状态、浓度等限制它们应用的因素，以及储存时间、环境、温度、光照等影响维生素效价的因素。《饲料质量安全管理规范》（农业部令2014年第1号）规定维生素应在25℃以下热敏库存放。大多数维生素通过合成稳定的衍生物、添加稳定剂（抗氧化剂）、使用适当的填充剂和适宜的载体包膜技术使其标准化。所有制造商经常同时采用上述4种维生素制备技术方法或采用其中一种或多种。制备方法的选择决定于所要求的物理性状、生物活性与维生素使用有关的最重要的性质和常见的商品形式。其核心技术为水溶性维生素转化为脂溶性维生素，脂溶性维生素转化为水溶性维生素或能在水中分散的制剂。这些相互转化的技术难题在近三四十年已经得到解决，例如饲料添加剂维生素 D_3 微粒（水分散型）。

第二节 脂溶性维生素

脂溶性维生素（Lipid soluble vitamin）是由长的碳氢链或稠环组成的聚戊二烯化合物。包括维生素A、维生素D、维生素E和维生素K，这4种维生素尽管每种都至少有一个极性基团，但都高度疏水。某些脂溶性维生素是辅酶的前体，而且不用进行化学修饰就可被生物体利用。脂溶性维生素只含有碳、氢、氧3种元素，吸收机制与脂肪相同，凡有利于脂肪吸收的条件，均有利于脂溶性维生素的吸收。脂溶性维生素以被动扩散的方式穿过肌肉细胞膜的脂相，主要经胆囊从粪便中排出。这类维生素能被动物贮存，过量摄入可引起中毒，使动物体代谢和生长产生障碍。

脂溶性维生素对光、热和氧气均较为敏感，因此在检测过程中要注意避光，同时尽量缩短前处理时间和步骤，可适当添加抗氧化剂减少目标维生素的损失。根据维生素A、维生素D、维生素E、维生素K的整体稳定性评价，维生素E为高稳定性，维生素A和维生素D为低稳定性，微生物K为极低稳定性，检测过程中要格外注意。

一、维生素A

1. 基本信息

维生素A的化学名为视黄醇，是最早被发现的维生素。维生素A有两种：一种是维生素A醇（Retinol），是最初的维生素A形态（只存在于动物性食物中）；另一种是胡萝卜素（Carotene），在体内转变为维生素A的前体物质（Provitamin A，即维生素A原，可从植物性及动物性食物中摄取）。

2. 理化性质

维生素A（CAS号：68-26-8）分子式为$C_{20}H_{30}O$，分子量为286.5，淡黄色片状结晶；相对密度为0.954 g/mL（20/4℃）；熔点：63.5℃；沸点：137℃（常压）；易溶于无水乙醇、甲醇、氯仿、醚、脂肪和油类，几乎不溶于水或甘油（图1-1）。

维生素A对氧极为敏感，空气氧化破坏作用受光线（特别是紫外线）、金属盐类、过氧化物和热催化而加速，尤其在潮湿环境，强光照下维生素A效价迅速下降。维生素A产品常为微细颗粒，也容易受到破坏。在维生素A的主要形式中，维生素A醇较不稳定，乙酸乙酯和棕榈酸酯类溶于植物油中可提高其

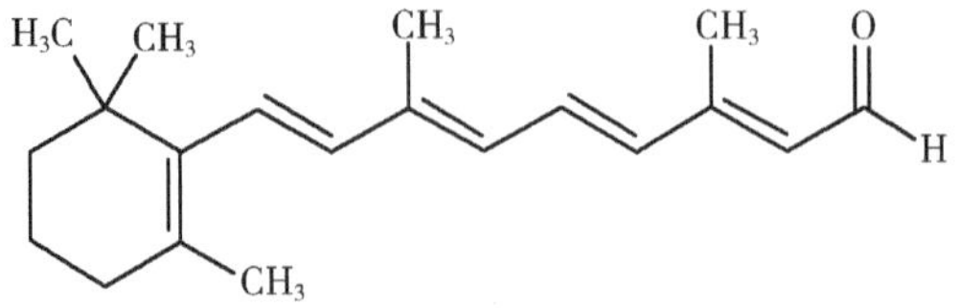

图 1-1　维生素 A 结构式

稳定性。为保证其稳定性，可适量添加抗氧化剂，抗氧化剂也可与增效剂和络合剂结合使用，以提升其使用效果。油状的维生素 A 不适用于动物饲料，不能均匀分散被饲料原料吸附。为此，研发了干粉状微粒，把维生素 A 油附着于载体物质中。一般采用“明胶+改性淀粉”作为其载体，制成的产品为了保障迅速吸收，粉剂的粒度在 150~500μm，维生素 A 的效价约为 50 万 IU/g，以保证其在配合饲料和类似物料中分布均匀。

3. 检测分析

维生素 A 的检测方法以生物法和化学法两种为主。生物法是根据生长发育中的大鼠或鸡缺乏维生素 A 的一种生物学反应，测定包括维生素 A 原在内的总维生素 A。生物法检测的难度较大、时间较长。因此，一般采用化学法进行检测分析。饲料中维生素 A 的检测以高效液相色谱法为主，且检测技术十分成熟。具体检测方法及步骤可参照 GB/T 17817—2010《饲料中维生素 A 的测定　高效液相色谱法》。

维生素 A 的计量单位有 IU 单位（International Units）、RE 单位（Retinol Equivalents）和 USP 单位（United States Pharmocopea）3 种，我国一直沿用国际单位 IU。

4. 需要量及毒性

畜禽及鱼类对维生素 A 的需要一般在每千克饲料 1 000~5 000IU。正常摄入维生素 A 不会产生任何的毒副作用，但超量或过多摄入可导致严重的健康损害。对于非反刍动物，包括禽和鱼类，维生素 A 的中毒剂量是需要量的 4~10 倍，反刍动物中毒剂量则 30 倍于需要量。据报道，人一次服用 50 万~100 万 IU 的维生素 A可致死。

二、维生素 D

1. 基本信息

维生素 D 为固醇类衍生物，具抗佝偻病作用，又称抗佝偻病维生素，目前认为维生素 D 也是一种类固醇激素。维生素 D 成员均为不同的维生素 D 原经紫外照射后的衍生物。植物不含维生素 D，但维生素 D 原在动植物体内都存在。维生素 D 是一种脂溶性维生素，有 5 种化合物，与健康关系较密切的是维生素 D_2（麦角钙化醇）和维生素 D_3（胆钙化醇）。它们有以下 3 个特性：存在于部分天然食物中；人体皮下储存有从胆固醇生成的 7-脱氢胆固醇，受紫外线的照射后，可转变为维生素 D_3；适当的日光浴足以满足人体对维生素 D 的需要。太阳照射是获得维生素 D 最廉价的来源方式之一。放牧牛每天能够由皮肤合成 3 000~10 000 IU维生素 D_3，猪每天可以合成维生素 $D_3$1 000~4 000 IU。

2. 理化性质

维生素 D_3（CAS 号：8024-19-9）分子式为 $C_{27}H_{44}O$，相对分子量为 384.64，熔点：82~87℃，纯品维生素 D 为白色结晶状、无气味的有机物，易溶于无水乙醇、甲醇、氯仿、醚、脂肪和油类，不溶于水，能抗热、抗氧化，并对碱溶液稳定。

维生素 D 是环戊烷多氢菲类化合物，可由维生素 D 原（Provitamin D）经紫外线 270~300nm 激活形成。动物皮下 7-脱氢胆固醇，酵母细胞中的麦角固醇都是维生素 D 原，经紫外线激活分别转化为维生素 D_3 及少量维生素 D_2。维生素 D 的最大吸收峰为 265nm，比较稳定，溶解于有机溶媒中，光与酸可促进其异构作用，应储存在氮气、无光与无酸的冷环境中，油溶液加抗氧化剂后稳定，水溶液由于有溶解的氧不稳定。双键系统还原也可损失其生物效用（图 1-2）。

3. 检测分析

饲料中维生素 D 的检测以高效液相色谱法为主，且检测技术十分成熟。具体检测方法及步骤可参照 GB/T 17818—2010《饲料中维生素 D_3 的测定　高效液相色谱法》。

维生素 D 的效价用国际单位 IU 表示，1IU 维生素 D 为 0.025μg 纯结晶维生素 D_3（胆钙化醇）。

4. 需要量及毒性

畜禽及某些鱼类对维生素 D 的需要量一般在每千克饲料 1 000~2 000 IU。饲喂大剂量经光照射过的麦角固醇会产生维生素 D 过多症，特征是血液钙过多，动脉中钙盐广泛沉积，各种组织和器官都发生钙质沉着及骨损伤。对于大多数动物，连续饲喂超过需要量 4 倍以上的维生素 D_3 可能出现中毒症状。

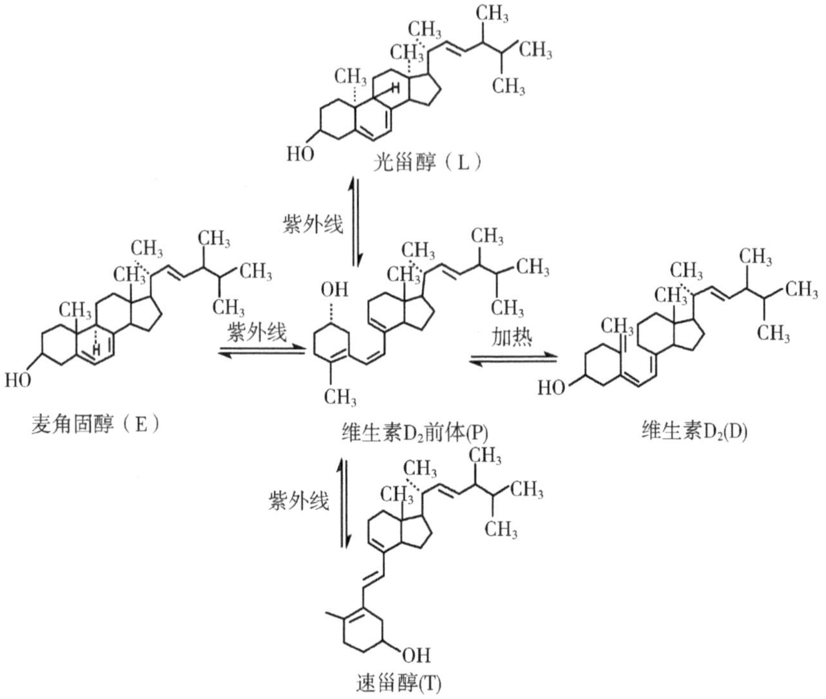

光甾醇（L）

紫外线

麦角固醇（E）

紫外线

维生素D_2前体(P)

加热

维生素D_2(D)

紫外线

速甾醇(T)

图 1-2 维生素 D 的转化

三、维生素 E

1. 基本信息

维生素 E 是一种脂溶性维生素，其水解产物为生育酚，是最主要的抗氧化剂之一。生育酚能促进性激素分泌，提高生育能力，预防动物流产。维生素 E 是生育酚的同系化合物，主要有 8 种形式，按甲基位置分为 α、β、γ、δ 生育酚 4 种和 α、β、γ、δ 三烯生育酚 4 种，以上 8 种统称为维生素 E,都具有活性。α-生育酚是自然界中分布最广泛、含量最丰富、活性最高的维生素 E 形式。维生素 E 水解产物中最具代表性的是 α-生育酚乙酸酯。

2. 理化性质

维生素 E（CAS 号：10191-41-0）分子式为 $C_{29}H_{50}O_2$，相对分子量为 430.71，熔点：2~4℃，沸点：485.9℃，微黄绿色透明黏稠液体，多溶于脂肪和乙醇等有机溶剂中，不溶于水，对热、酸稳定，对碱不稳定，对氧敏感，对热不敏感，但油炸时维生素 E 活性明显降低（图 1-3）。

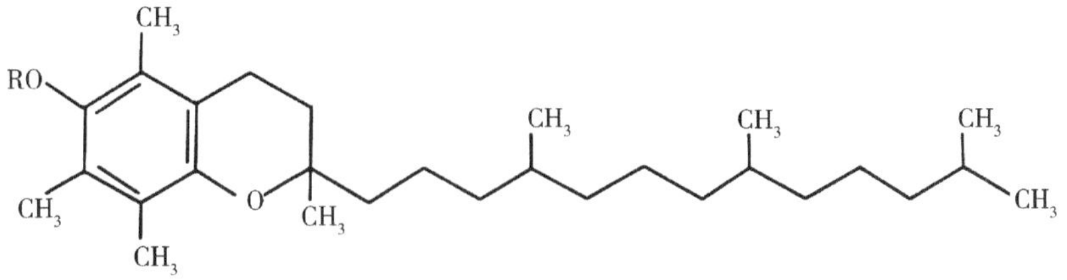

图 1-3　维生素 E 结构式

注：DL-α-生育酚：R=H　DL-α-生育酚乙酸酯：R=CH_3CO

3. 检测分析

饲料中维生素 E 的检测以高效液相色谱法为主，且检测技术十分成熟。具体检测方法及步骤可参照 GB/T 17812—2008《饲料中维生素 E 的测定　高效液相色谱法》。

α-生育酚当量与国际单位 IU 之间的转化关系见表 1-3。

表 1-3　α-生育酚当量与国际单位 IU 之间的转化关系

化合物/mg	α-生育酚当量/（IU/mg）	活性/（IU/mg）
D-α-生育酚	1.0	1.49
D-α-生育酚乙酸酯	0.91	1.36
D-α-生育酚丁二酸酯	0.81	1.21
DL-α-生育酚	0.74	1.10
DL-α-生育酚乙酸酯	0.67	1.00
D-γ-生育酚	0.10	0.15

注：1. 食物中天然形式和 α-生育酚当量标准通常只称为 α-生育酚；

2. 常见的市售维生素 E 形式是一种人工合成和稳定的形式，天然存在的 DL-α-生育酚乙酸酯与人工产品具有相同的效力，为国际单位标准 IU。

维生素 E 不稳定，经酯化后可提高其稳定性。饲料行业使用最多的是维生素 E 乙酸酯，商品形式多为 DL-α-生育酚乙酸酯，并添加一定抗氧化剂。另一种为维生素 E 粉剂，是由 DL-α-生育酚乙酸酯吸附工业制成，有效含量 50%。

4. 需要量及毒性

近年来，为了提高肉品质和延长贮藏时间，一些国家标准推荐的维生素 E 需要量已有所提高。猪、禽每千克饲料中维生素 E 的量已从以往的 5~10mg 提高到了 10~20mg，鱼类为 50~100mg。

过量摄入维生素 E 的毒性较维生素 A 和维生素 D 低。过量摄取的维生素 E

随粪便排出体外，大多数动物能耐受100倍于需要量的剂量。

四、维生素K

1. 基本信息

维生素K被称为抗出血维生素，是维持血液正常凝固所必需的物质，是一种脂溶性维生素。维生素K更多的是指苯醌类化合物，天然维生素K有维生素K_1、维生素K_2两种，都由2-甲基-1,4-萘醌和萜类侧链构成，人工合成的维生素K_3无侧链。维生素K_1主要存在于青绿植物中，维生素K_2主在存在于微生物体内，人工合成的维生素K，即甲萘醌也就是维生素K_3（亚硫酸氢钠甲萘醌）在饲料中大量使用。

2. 理化性质

维生素K是具有叶绿醌生物活性的一类物质。有维生素K_1、维生素K_2、维生素K_3（图1-4至图1-6）、维生素K_4等几种形式，其中维生素K_1、维生素K_2是天然存在的，是脂溶性维生素，即从绿色植物中提取的维生素K_1和肠道细菌（如大肠杆菌）合成的维生素K_2。而维生素K_3、维生素K_4是通过人工合成的，是水溶性的维生素。维生素K_1为黄色油状物，熔点：-20℃，维生素K_2为黄色晶体，熔点：53.5～54℃，不溶于水，能溶于醚等有机溶剂。所有维生素K的化学性质都较稳定，能耐酸、耐热，但对光敏感，也易被碱和紫外线分解。

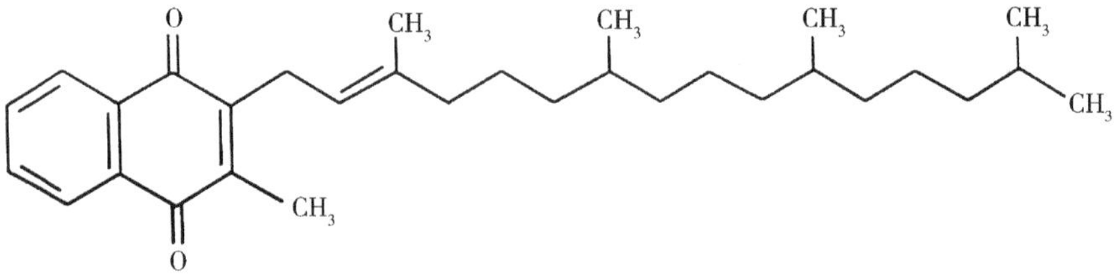

图1-4　维生素K_1结构式

3. 检测分析

饲料中维生素K的检测以高效液相色谱法为主，且检测技术十分成熟。具体检测方法及步骤可参照GB/T 18872—2017《饲料中维生素K_3的测定　高效液相色谱法》。可以按照人工合成的纯品甲萘醌质量计量。

4. 需要量及毒性

畜禽对维生素K的需要一般为每千克饲料0.5～1 mg。鱼类对维生素K的

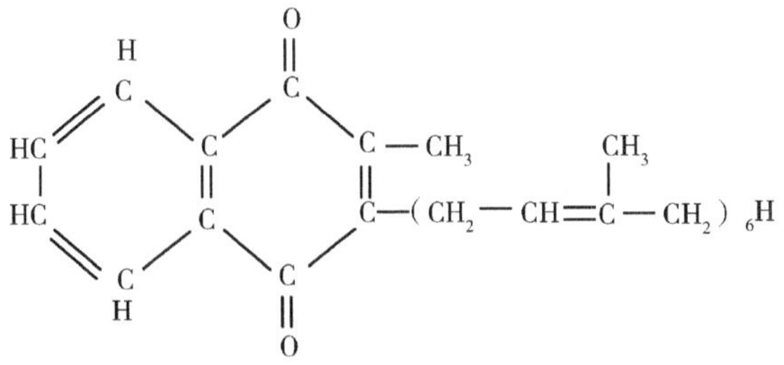

O
H
C
C
HC
C
C — CH$_3$
CH$_3$
HC
C
C—（CH$_2$ — CH═C — CH$_2$）$_6$H
C
C
H
O

图 1-5 维生素 K_2 结构式

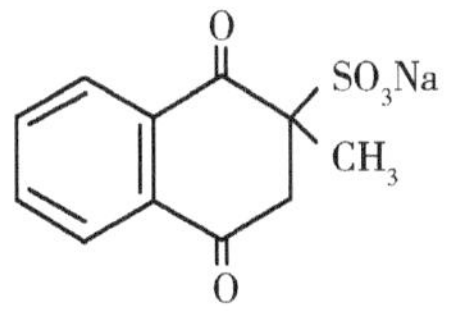

O
SO$_3$Na
CH$_3$
O

图 1-6 维生素 K_3（亚硫酸氢钠甲萘醌）结构式

需要量还未确定。

天然形式的维生素 K 不产生毒性，即使大量摄入也无毒。然而，人工合成的甲萘醌及其衍生物（K_3）若以每日 5mg 以上的量摄取时，会使大鼠产生中毒综合征。中毒剂量为需要量的 1 000 倍，一旦中毒可引起溶血、正铁血红蛋白尿和卟啉尿。

第三节 水溶性维生素

水溶性维生素（Water soluble vitamin）的历史是随着古老的脚气病研究而开始的。目前已知的水溶性维生素有 10 种，另外几种没有完全确定，通常称为类维生素。水溶性维生素主要有以下特点：① 水溶性维生素可从食物及饲料的水溶物中提取；②除含碳、氢、氧元素外，多数含有氮，有的还含有硫或钴；③B 族维生素主要作为辅酶，催化碳水化合物、脂肪和蛋白质代谢中的各种反应。多数情况下，缺乏症无特异性，而且难以与其生化功能直接相联系。食欲下降和生长受阻是共同的缺乏症状；④B 族维生素多数通过被动的扩散方式吸收，但在饲料供应不足时，可以主动方式吸收。维生素 B_{12}的吸收比较特殊，需要胃分泌的一种内因子帮助吸收；⑤除维生素 B_{12}外，水溶性维生素几乎不在体内贮存；⑥主要经尿排出（包括代谢产物）。

所有水溶性维生素都为代谢所必需。许多生理学和病理学专家认为应激（Stress）状态影响水溶性维生素的需要。生长、妊娠和哺乳期间比维持动物生命健康期间需要的维生素要多得多。由于提高代谢而引起的疾病和吸收不良，在利用能力差或排泄增加的情况下也会增加需要量。当养殖动物在使用抗生素时，需要在饲料中添加水溶性维生素消除或减轻抗生素残留的影响。提纯的水溶性维生素通常都是稳定的。但是在水溶液中，不同维生素对某些因素也是比较敏感的。

一、维生素 B_1

1. 基本信息

维生素 B_1（Thiamine）也称为硫胺素，是一种水溶性维生素。由一分子嘧啶和一分子噻唑通过一个甲基桥结合而成，含有硫和氨基，故称硫胺素。维生素 B_1 富含于种子外皮及胚芽中，如米糠、麦麸等；粗粮中的含量高于精制米或白面粉。其他如酵母、瘦肉、花生、黄豆、肝脏、新鲜蔬菜中均含有丰富的维生素 B_1。现在药用维生素 B_1 为人工合成的盐酸硫胺。

2. 理化性质

维生素 B_1（CAS 号：70-16-6）分子式为 $C_{12}H_{17}N_4OS^+$，相对分子量为 265.354，熔点：250℃，为白色细小结晶或晶粉，有微弱特臭、味苦，有潮解性。极易溶于水，微溶于乙醇，不溶于乙醚、苯己烷、氯仿，溶于丙二醇。维生素 B_1 在酸性条件下较稳定，pH 值为 4.5 时仍良好，但在中性或碱性溶液中，尤其是在有氧化剂、还原剂时或受热时，维生素 B_1 不稳定，并转化为无活性的化合物，金属离子能强化这个过程（图 1-7）。

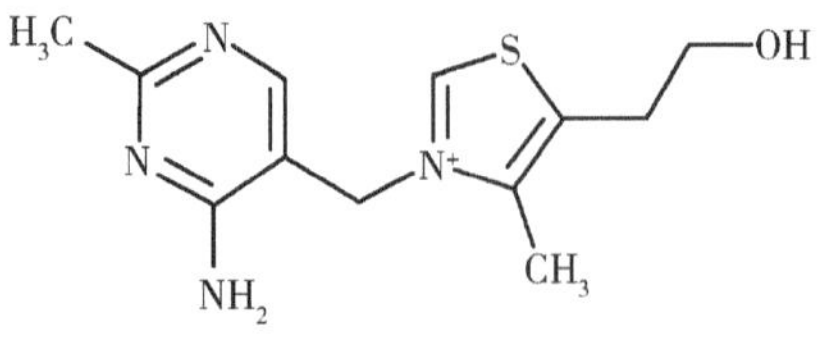

图 1-7　维生素 B_1 结构式

3. 检测分析

维生素 B_1 测定方法有荧光法、分光光度法、化学方法、电化学法和薄层色谱法等。对于饲料中维生素 B_1 的检测，常用荧光分光光度法和高效液相色谱法，技术十分成熟。具体操作见 GB/T 14700—2018《饲料中维生素 B_1 的测定》。

4. 毒性

这种水溶性维生素是没有副作用的，多余的分量完全排出体外，不会贮留在人和动物体内。成人每天服用超过 5g 时，偶尔会出现发抖、疱疹、浮肿、神经质、心跳增快及过敏等副作用。

二、维生素 B_2

1. 基本信息

维生素 B_2（Riboflavin）也称为核黄素，是一种水溶性维生素。由一个二甲基异咯嗪和一个核醇结合而成，为橙黄色晶体。饲料中的核黄素大多数以 FAD（黄素腺嘌呤二核苷酸）和 FMN（黄素单核苷酸）的形式存在，在肠道中随同蛋白质的消化被释放出来，经磷酸酶水解成游离的核黄素，进入小肠黏膜细胞后再次被磷酸化，生成 FMN。核黄素能由植物、酵母菌、真菌和其他微生物合成，但动物本身不能合成。动物对肠道微生物合成的核黄素利用情况与硫胺素类似。

2. 理化性质

维生素 B_2（CAS 号：83-88-5）分子式为 $C_{17}H_{20}N_4O_6$，相对分子量为 376.364，熔点：290℃，为黄色至橙色/黄色结晶粉末，微臭，味微苦，对强还原剂、碱和光不稳定，微溶于水，为增加其溶解度，可使用助溶剂，如烟酰胺或水杨酸。溶液的最佳稳定性在 pH 值为 3.5~4.0。在水溶液中，核黄素成为氧化剂作用于维生素 B_1、维生素 C 和叶酸（图 1-8）。

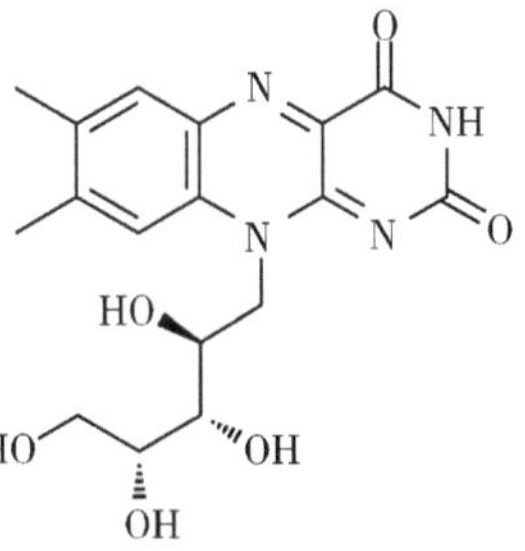

O
N
NH
N
N
O
HO
HO
OH
OH

图 1-8　维生素 B_2 结构式

3. 检测分析

维生素 B_2 测定方法有荧光法、分光光度法、化学方法、电化学法和薄层色谱法等。对于饲料中维生素 B_2 的检测，常用荧光分光光度法和高效液相色谱法，技术十分成熟。具体操作见 GB/T 14701—2019《饲料中维生素 B_2 的测定》。

4. 毒性

这种水溶性维生素是没有副作用的，多余的分量完全排出体外，不会贮留在人和动物体内。畜禽对核黄素的需要量一般为每千克饲料 2~4mg，鱼类为 4~9mg。核黄素的中毒剂量是需要量的数十倍到数百倍。

三、维生素 B_6

1. 基本信息

维生素 B_6 学名 2-甲基-3-羟基-4,5-二羟甲基吡啶，俗名盐酸吡哆辛，又称吡哆素，包含吡哆醇、吡哆醛和吡多胺 3 种吡啶衍生物，在体内以磷酸酯的形式存在，是一种水溶性维生素。维生素 B_6 在酵母菌、肝脏、谷粒、肉、鱼、蛋、豆类及花生中含量较多。维生素 B_6 为人体内某些辅酶的组成成分，参与多种代谢反应，尤其是和氨基酸代谢有密切关系。

2. 理化性质

维生素 B_6（CAS 号：65-23-6）分子式：$C_8H_{11}NO_3$，相对分子量为 169.18，熔点：214~215℃，通常以其盐酸盐为制剂，白色或微黄色结晶性粉末。溶于水、乙醇和丙酮，微溶于乙醚，有酸苦味，在酸液中稳定，在碱液中易破坏。在空气中稳定，遇日光渐变质，易升华。与氯化铁作用呈红棕色。吡哆醇耐热，吡哆醛和吡哆胺不耐高温（图 1-9）。

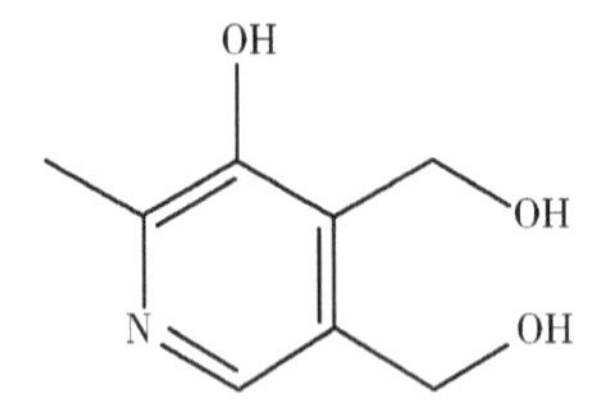

图 1-9　维生素 B_6 结构式

3. 检测分析

饲料中维生素 B_6 的检测，一般为高效液相色谱法。具体操作见 GB/T 14702—2018《添加剂预混合饲料中维生素 B_6 的测定　高效液相色谱法》。

4. 需求量及毒性

畜禽对维生素 B_6 的需求量一般为每千克饲料中 1～3mg，鱼类为 3～6mg，狗和大鼠维生素 B_6 的中毒剂量是需要量的 1 000 倍以上。

四、维生素 B_{12}

1. 基本信息

维生素 B_{12}是结构最复杂的、唯一含有金属元素（钴）的维生素，故又称为钴胺素（Cobalamin）。饲料中的维生素 B_{12}通常与蛋白质结合，在胃的酸性环境中，经胃黏膜壁细胞分泌的一种糖蛋白内源因子结合形成二聚复合物，在回肠黏膜的刷状缘，维生素 B_{12}又从二聚复合物中游离出来被吸收。自然界中，维生素 B_{12}只在动物产品和微生物中有发现，植物性饲料中基本不含此物质。

2. 理化性质

维生素 B_{12}（CAS 号：68-19-9）分子式为 $C_{63}H_{88}CoN_{14}O_{14}P$，相对分子量为 1355.37，熔点>300℃，为深红色结晶或结晶性粉末，无臭，无味，吸湿性强。略溶于水或乙醇，不溶于氯仿或乙醚。耐热，但遇氧化或还原性物质（如维生素 C 或过氧化氢等）、重金属盐类及强酸、强碱，均可失效（图 1-10）。

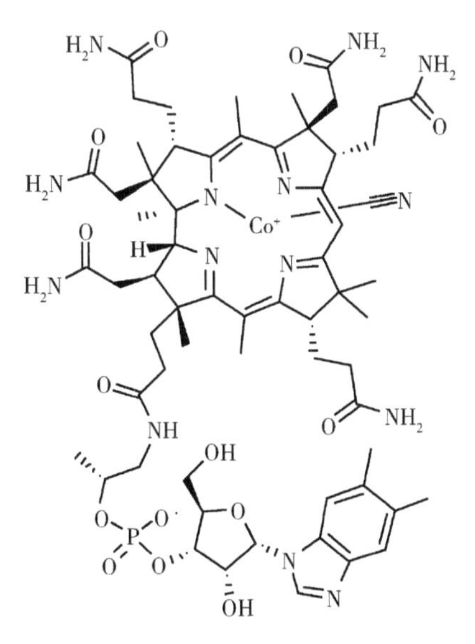

图 1-10　维生素 B_{12}结构式

3. 检测分析

对于饲料中维生素 B_{12}的检测，常用高效液相色谱法，技术十分成熟。具体操作见 GB/T 17819—2017《添加剂预混合饲料中维生素 B_{12}的测定　高效液相色谱法》。

4. 需要量及毒性

畜禽对维生素 B_{12}的需要量为每千克饲料 3~20μg。维生素 B_{12}的中毒剂量至少是需要量的数百倍。

五、泛酸

1. 基本信息

泛酸是由 β-丙氨酸借肽键与 α,γ-二羟-β,β-二甲基丁酸缩合而成的一种酸性物质。游离的泛酸是一种黏性的油状物，不稳定，易吸湿，也易被酸碱和热破坏。泛酸钙是该维生素的纯品形式，为白色针状物。有右旋（D-）和消旋（DL-）两种形式，消旋形式的泛酸生物学活性为右旋的 50%。饲料中的泛酸大多是以辅酶 A 的形式存在，少部分是游离的。只有游离形式的泛酸以及它的盐和酸能在小肠吸收，不同动物对泛酸的吸收率差异较大。

2. 理化性质

D-泛酸（D-Pantothenic acid，CAS 号：79-83-4）分子式为 $C_9H_{17}NO_5$，相对分子量为 219.24，熔点：178~179℃，为无色或淡黄色黏性油状液体，易吸湿，不稳定。酸、碱、热均可加速其分解。其难溶于苯、氯仿，微溶于乙醚、戊醇，易溶于水、乙酸乙酯、二氧六环和冰醋酸（图 1-11）。

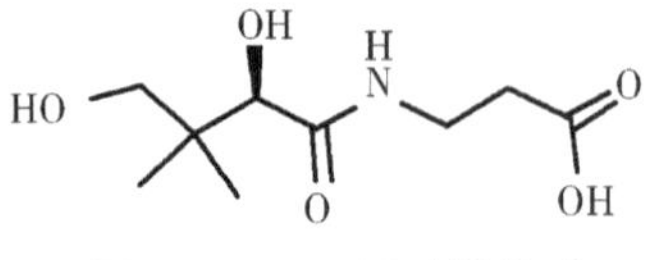

图 1-11　D-泛酸结构式

3. 检测分析

对于饲料中泛酸的检测，常用高效液相色谱法。具体操作见 GB/T 18397—2014《预混合饲料中泛酸的测定　高效液相色谱法》。

4. 需要量及毒性

畜禽对泛酸的需要量一般为每千克饲料 7~12mg，鱼类为 10~30mg，泛酸中毒只在超过需要量 100 倍剂量的大鼠中发现。

六、烟酸

1. 基本信息

烟酸又称尼克酸、维生素 PP，是吡啶的衍生物，很容易转化为烟酰胺。烟酰胺是辅酶Ⅰ和辅酶Ⅱ的组成成分，参与体内脂质代谢、组织呼吸的氧化过程和糖类无氧分解的过程。饲料中的烟酸和烟酰胺都能以扩散的方式迅速而有效地被吸收。

2. 理化性质

烟酸（Nicotinic acid，CAS 号：59-67-6）分子式为 $C_6H_5NO_2$，相对分子量为 123.11，熔点：234~238℃，为无色针状结晶，易溶于沸水和沸醇，不溶于丙二醇、氯仿和碱溶液，不溶于醚及脂类溶剂。能升华，无气味，微有酸味（图 1-12）。

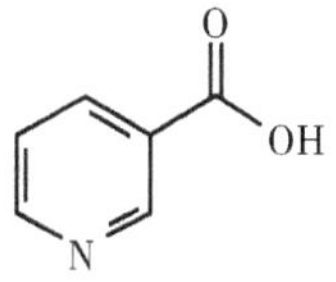

图 1-12　烟酸结构式

3. 检测分析

对于饲料中烟酸的检测，常用高效液相色谱法。具体操作见 GB/T 17813—2018《添加剂预混合饲料中烟酸与叶酸的测定　高效液相色谱法》。

4. 需要量及毒性

畜禽及鱼对烟酸的需要量一般为每千克饲料 10~50mg。每日每千克体重摄入的烟酸超过 350 mg 可能引起中毒。

七、烟酰胺

1. 基本信息

烟酰胺又称尼克酰胺，是一种水溶性维生素，属于 B 族维生素，为辅酶Ⅰ（烟酰胺腺嘌呤二核苷酸，NAD）和辅酶Ⅱ（烟酰胺腺嘌呤二核苷酸磷酸，NADP）的组成成分，在人体内这两种辅酶结构中的烟酰胺部分具有可逆的加氢与脱氢特性，在生物氧化中起着递氢作用，能促进组织呼吸、生物氧化过程和新陈代谢，对维持正常组织，特别是皮肤、消化道和神经系统的完整性具有重要意义。缺乏时，由于细胞的呼吸和代谢受影响而引起糙皮病，故本品主要用于防治糙皮病、口炎、舌炎等。

2. 理化性质

烟酰胺（Nicotinamide，CAS 号：98-92-0）分子式为 $C_6H_6N_2O$，相对分子质量 122.12，白色针状结晶或结晶性粉末，无臭或稍有臭气，味微苦，具有微弱的吸湿性（图 1-13）。较稳定，可耐酸、碱及高温，在干燥空气中对光、热均稳定，在碱性或酸性溶液中加热则生成烟酸。

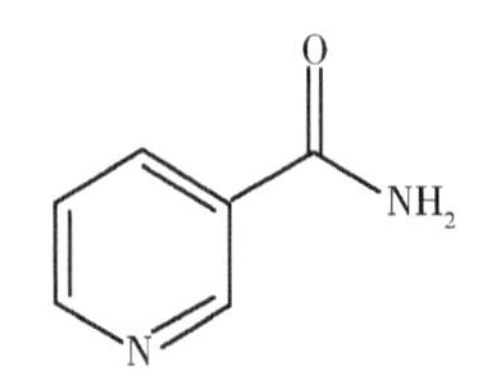

图 1-13　烟酰胺结构式

3. 检测分析

对于饲料中烟酰胺的检测，常用高效液相色谱法。具体操作见 NY/T 2130—2012《饲料中烟酰胺的测定　高效液相色谱法》。

八、叶酸

1. 基本信息

叶酸由蝶啶、对氨基苯甲酸和谷氨酸缩合而成，也叫蝶酰谷氨酸。叶酸具有多种生物活性形式。叶酸在一碳单位的转移中是必不可少的，通过一碳单位的转移而参与嘌呤、嘧啶、胆碱的合成和某些氨基酸的代谢。叶酸缺乏可使嘌呤和嘧啶的合成受阻，核酸形成不足，使红细胞的生长停留在巨红细胞阶段，最后导致巨红细胞贫血。叶酸广泛分布于动植物产品中。唯一需要饲料提供叶酸的是家禽，因其肠道合成有限，且利用率低。

2. 理化性质

叶酸（Folic acid，CAS 号：59-30-3）分子式为 $C_{19}H_{19}N_7O_6$（图 1-14），相对分子量为 441.4，熔点：250℃，橙色针状结晶。不易溶解于水，其钠盐溶解度较大。在中性和碱性溶液中对热稳定，而在酸性溶液中温度超出 100℃ 即分解。叶酸及其钠盐在溶液中受光线破坏。

3. 检测分析

对于饲料中叶酸的检测，常用高效液相色谱法。具体操作见 GB/T 17813—2018《添加剂预混合饲料中烟酸与叶酸的测定　高效液相色谱法》。

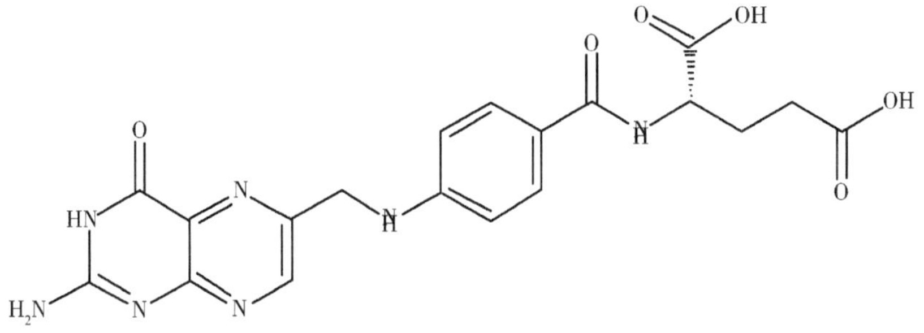

图 1-14　叶酸结构式

4. 需要量及毒性

畜禽及鱼对叶酸的需要量一般为每千克饲料 0.3～0.55mg。近年的研究表明，对于繁殖母猪，叶酸的需要量已经从 0.3mg 提高到了 1.3mg。鱼对叶酸的需要可达 5mg（鳟鱼和鲑鱼）。叶酸可认为是一种无毒性的维生素。

九、生物素

1. 基本信息

生物素具有尿素和噻吩相结合的骈环，噻唑环的 α 位带有戊酸侧链。它有多种异构体，但只有 D-生物素才有活性。合成的生物素是白色针状晶体，在常规条件下很稳定，酸败的脂和胆碱能使它失去活性，紫外线照射可使其被缓慢破坏。自然界存在的生物素，有游离的和结合的两种形式。结合形式的生物素常与赖氨酸或蛋白质结合，被结合的生物素不能被一些动物所利用。对于家禽，用微生物法测定的利用率低于饲料含量的 50%。

2. 理化性质

D-生物素（D-Biotin，CAS 号：58-85-5）分子式为 $C_{10}H_{16}N_2O_3S$（图 1-15），相对分子量：244.31。生物素广泛分布于动植物中，天然存在的生物素主要以与其他分子结合的形式存在。生物素的化学结构中包括一个含 5 个碳原子的梭基侧链和 2 个五元杂环，在体内由侧链上的羧基与酶蛋白的赖氨酸 S 残基结合，发挥辅酶作用。在一般情况下，生物素是相当稳定的，只有在强酸、强碱、甲醛及紫外线处理时才会被破坏。生物素是许多需 ATP 的羧化反应中羧基的载体，羧基暂时与生物素双环系统上的一个氮原子结合，如在丙酮酸羧化酶催化丙酮酸羧化成草酰乙酸的反应中。

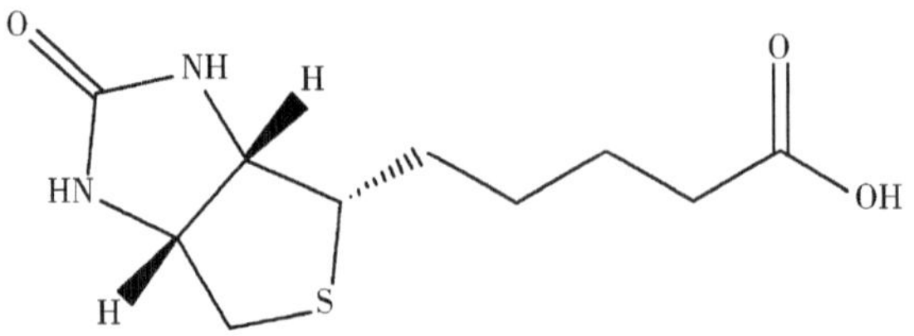

图 1-15　D-生物素结构式

3. 检测分析

常用分光光度法和高效液相色谱法对饲料中 D-生物素的含量进行检测，其中高效液相色谱法为仲裁法。具体操作见 GB/T 17778—2005《预混合饲料中 d-生物素的测定》。

4. 需要量及毒性

畜禽对生物素的需要量一般在每千克饲料 50～300 μg，某些鱼类为 150～1 000 μg。在相当于需要量 4～10 倍的剂量范围内，生物素对猪和家禽都是安全的。

十、胆碱

1. 基本信息

胆碱是 β-羟乙基三甲胺羟化物，饲料中的胆碱主要以卵磷脂的形式存在，较少以神经磷脂或游离胆碱形式出现。在胃肠道中经消化酶的作用，胆碱从卵磷脂和神经磷脂中释放出来，在空肠和回肠经钠泵作用被吸收。但只有 1/3 的胆碱以完整的形式被吸收，约 2/3 的胆碱以三甲基胺的形式被吸收。饲料中以氯化胆碱的形式进行添加使用，具有促进蛋鸡产蛋的功能，所以也叫增蛋素，是饲料行业使用最为广泛的胆碱补充剂。

2. 理化性质

氯化胆碱（Choline chloride，CAS 号：67-48-1）分子式为 $C_5H_{14}ClNO$，相对分子量：139.62，氯化胆碱为针状白色结晶性粉末，微有鱼腥臭、咸苦味，极易吸潮，在碱液中不稳定。易溶于水和乙醇，不溶于乙醚、石油醚、苯和二硫化碳。氯化胆碱（图 1-16）不是胆碱，是胆碱阳离子（Choline cation；CA^+）与氯离子（Cl^-）的盐。真正的胆碱应该是胆碱阳离子（CA^+）与羟基（OH^-）构成的有机碱，在很多植物中天然存在。简单来说，1.15g 氯化胆碱相当于 1g 胆碱。

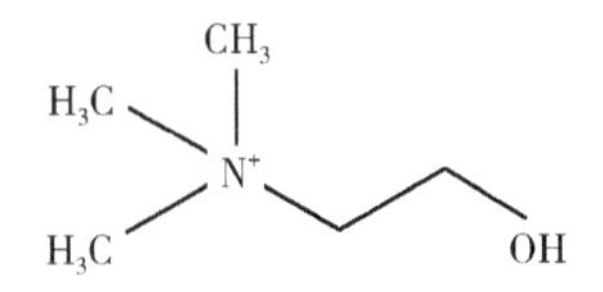

图 1-16　氯化胆碱结构式

3. 检测分析

常用雷氏盐分光光度法和离子色谱法对饲料中氯化胆碱的含量进行测定，其中离子色谱法为仲裁法。具体操作见 GB/T 17481—2008《预混料中氯化胆碱的测定》。

4. 需要量及毒性

畜禽对胆碱的需要量一般在每千克饲料 400～1 300 mg，鱼类可达 4 g。在水溶性维生素中，胆碱相对其需要量较易过量中毒。鸡对胆碱的耐受量为需要量的 2 倍，猪的耐受力比鸡强。胆碱中毒表现为流涎、颤抖、痉挛、发绀和呼吸麻痹。

十一、维生素 C

1. 基本信息

维生素 C 也被称为抗坏血酸（Ascorbic acid）、脱氢抗坏血酸和己糖醛酸等。它是一种水溶性维生素，在水果蔬菜中含量丰富。维生素 C 在氧化还原反应中起调节作用。维生素 C 绝大部分在体内代谢分解成草酸或与硫酸结合生成抗坏血酸-2-硫酸形式，由尿液排出体外，另一部分可直接由尿液排出体外。

2. 理化性质

天然存在的抗坏血酸有 L 型和 D 型两种，后者没有生物活性。L-抗坏血酸第 2 和第 3 个碳原子上的烯二醇基容易被氧化为二酮基，所产生的脱氢 L-抗坏血酸与维生素 C 具有同等活性，并与还原抗坏血酸钠构成氧化还原系统。除 L-抗坏血酸外，商品钠盐即抗坏血酸钠也具有同等活性。维生素 C 的结构类似葡萄糖，是一种含有 6 个碳原子的酸性多羟基化合物。其分子中第 2 和第 3 位上两个相邻的烯醇式羟基极易解离而释出 H^+，故具有酸的性质。

维生素 C（CAS 号：50-81-7）分子式为 $C_6H_8O_6$，相对分子量：176. 12，为白色至淡黄色晶体。维生素 C 易溶于水，稍溶于乙醇，不溶于乙醚、氯仿、苯、石油醚、油类、脂肪。水溶液显酸性反应。在空气中能很快氧化成脱氢抗坏血酸，有柠檬酸样酸味。其水溶液不稳定，对光敏感，既不耐热，也不耐碱，是较强的还原剂，贮存久后渐变成不同程度的淡黄色（图 1-17）。

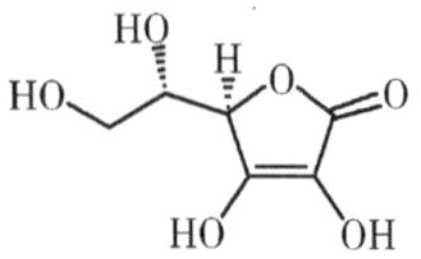

图 1-17　维生素 C 结构式

3. 检测分析

饲料中维生素 C 的检测常采用荧光分光光度法和高效液相色谱法，两种方法所针对的抗坏血酸检测的类型不同，所采用的方法也有区别。具体操作见 GB/T 17816—1999《饲料中总抗坏血酸的测定　邻苯二胺荧光法》和 GB/T 23882—2009《饲料中 L-抗坏血酸-2-磷酸酯的测定　高效液相色谱法》。

4. 需要量及毒性

动物对维生素 C 的需要一般没有规定。1980 年 RDA 对人的推荐量是每日 35~100mg。NRC（1994）将鱼的需要量定为每千克饲料 50mg 左右。维生素 C 的毒性很低，动物一般可耐受需要量数百倍、甚至上千倍的剂量。

第四节　类维生素物质

一、类维生素物质简介

类维生素物质是指一种生理活性与维生素很类似的物质，是食物中含有的一类微量有机营养素。这类物质在人和动物体内存在，但是含量较少，机体可自身合成一部分，并参与正常的生理代谢。类维生素具有与维生素极为类似的生物活性，并具备维生素前体、非人体所必需以及人体能够合成或部分合成的三大特点。属于这类的物质很多，但由于功能尚不太明确，相关研究还在探索中。类维生素物质形成和作用不同，主要包括生物类黄酮、肉碱、辅酶 Q、肌醇、苦杏仁苷、硫辛酸、对氨基苯甲酸、潘氨酸和牛磺酸等。很多类维生素都有多个名称，类维生素的曾用名见表 1-4。

表 1-4　类维生素及其曾用名

序号	名称	曾用名
1	生物类黄酮	维生素 P、芦丁
2	肉碱	维生素 B_T
3	肌醇	环己六醇、环己糖醇
4	辅酶 Q	泛醌
5	硫辛酸	二硫辛酸
6	苦杏仁苷	维生素 B_{17}、氮川甙、扁桃苷氮川酶
7	对氨基苯甲酸	4-氨基苯甲酸
8	牛磺酸	β-氨基乙磺酸
9	潘氨酸	维生素 B_{15}
10	乳清酸	维生素 B_{13}
11	邻氨基苯甲酸	维生素 L
12	维生素 F	亚麻油酸、花生油酸

类维生素虽然不是人体必需的营养物质，化学性质决定着它们在有限的范围内具有有限的作用，类维生素相关研究重要的报道不是很多，研究数据累积不够翔实，存在争议。饲料工业中在添加使用类维生素物质，以保证动物的生理需要，提高动物生长性能，肌醇等添加剂的检测方法等也比较成熟。如果大家有对类维生素物质的检测分析的需求，可以参照相关的国家标准、地方标准、行业标准和相关研究开展检测。

二、类维生素物质特点

1. 维生素前体

类维生素物质本身没有维生素营养功能，与某些维生素化学结构上相似，在一定条件下可转化为该维生素，因此在食物中含有一定比例的维生素前体，可部分代替该维生素的供给。已发现 4 种维生素前体物质：胡萝卜素是维生素 A的前体，维生素 D 的前体分布在植物中的是麦角固醇，人体自己合成的一种脱氢胆固醇也能在光照条件下转变为维生素 D，而色氨酸可以在体内转化为烟酸。

2. 非人体所必需

人体内缺乏类维生素物质不会造成健康损害，更不存在缺乏症问题，所以类维生素物质不被列入营养物质范围。这一类物质似乎有一定的生理功能，但实际上并非维持人体正常功能所必需，它们不符合维生素营养物质的基本定义。

在类维生素门类中生物类黄酮例外，生物类黄酮与维生素 C 相伴存在，关系密切，能够增强维生素 C 的生理功能，但它单独存在时并不显示一定的功能。杏仁核中含有一种味苦的天然物质，称为苦杏仁苷，一位美国医生曾用它来预防和治疗癌症，并命名为“维生素 B_{17}”，但没有得到官方医疗机构认可。苦杏仁苷毒性较大，食用要十分小心。

3. 人体能够合成

属于这一类的物质很多，如肉碱曾被称为维生素 B_T，最初从肉类食物中分离得到，是与脂肪代谢和生物氧化有关的一种辅酶，人体肝脏能够合成全部需要的肉碱。肌醇是一种小分子物质，与葡萄糖关系密切，实验证明是动物和细菌的必需营养因子，人体细胞能够合成肌醇，是一种代谢中间产物，显然它无法进入 B 族维生素。硫辛酸具有许多 B 族维生素的作用，以辅酶形式参与人体的能量代谢，然而人体能够合成。辅酶 Q_{10}（CoQ_{10}）广泛存在于动植物和微生物细胞内，能在有机体的组织中合成，以泛醌形式在能量转换体系中进行质子传递，具有抗氧化和自由基清除作用，作为时尚的保健品在市场中流通。学界对辅酶 Q_{10} 能不能称为维生素仍有分歧，至少现在还不能确定。

第二章　饲料中维生素检测方法

第一节　脂溶性维生素的检测

一、饲料中维生素 A 的测定　高效液相色谱法（GB/T 17817—2010）

（一）皂化提取法

1. 原理

碱溶液皂化试样后，用乙醚将维生素 A 提取出来，蒸除溶剂，残渣溶于适当溶剂，注入高效液相色谱仪分离，在波长 326 nm 条件下测定，外标法计算维生素 A 含量。

2. 试剂和溶液

除特殊注明外，本标准所用试剂均为分析纯，水符合 GB/T 6682 中三级用水规定，色谱用水符合 GB/T 6682 中一级用水规定，溶液按照 GB/T 603 配制。

（1）无水乙醚（不含过氧化物）：

过氧化物检查方法：用 5 mL 乙醚加 1 mL 碘化钾溶液振摇 1min，如有过氧化物则放出游离碘，水层呈黄色，或加淀粉指示液，水层呈蓝色。该乙醚需处理后使用。

去除过氧化物的方法：乙醚用硫代硫酸钠溶液振摇，静置，分取乙醚层，再用水振摇，洗涤两次，重蒸，弃去首尾 5%的部分，收集馏出的乙醚，再检查过氧化物，应符合规定。

（2）无水乙醇。

（3）正己烷：色谱纯。

（4）异丙醇：色谱纯。

（5）甲醇：色谱纯。

（6）2,6-二叔丁基对甲酚（BHT）。

（7）无水硫酸钠。

（8）氮气（纯度 99.9%）。

（9）碘化钾溶液：100 g/L。

（10）淀粉指示液：5 g/L（临用现配）。

（11）硫代硫酸钠溶液：50 g/L。

（12）氢氧化钾溶液：500 g/L。

（13）L-抗坏血酸乙醇溶液：5 g/L。取 0.5 g L-抗坏血酸结晶纯品溶解于 4 mL 温热的水中，用无水乙醇稀释至 100 mL，临用前配制。

（14）酚酞指示剂：10 g/L。

（15）维生素 A 乙酸酯标准品：维生素 A 乙酸酯含量≥99.0%。

（16）维生素 A 标准贮备液：称取维生素 A 乙酸酯标准品 34.4 mg（精确至 0.000 01 g）于皂化瓶中，按分析步骤皂化和提取，将乙醚提取液全部浓缩蒸发至干，用正己烷溶解残渣置入 100 mL 棕色容量瓶中并稀释至刻度，混匀，4℃保存。该贮备液浓度为 344 μg/mL（1 000 IU/mL），临用前用紫外分光光度计标定其准确浓度。

（17）维生素 A 标准工作液：准确吸取 1.00 mL 维生素 A 标准贮备液，用正己烷稀释 100 倍；若用反相色谱测定，将 1.00 mL 维生素 A 标准贮备液置入 100 mL 棕色容量瓶中，用氮气吹干，用甲醇稀释至刻度，混匀，配制工作液浓度为 3.44 μg/mL（10 IU/mL）。

3. 仪器和设备

（1）分析天平，感量 0.001 g。

（2）分析天平，感量 0.000 1 g。

（3）分析天平，感量 0.000 01 g。

（4）圆底烧瓶，带回流冷凝器。

（5）恒温水浴或电热套。

（6）旋转蒸发器。

（7）超纯水器。

（8）高效液相色谱仪，带紫外可调波长检测器（或二极管矩阵检测器）。

4. 采样

按照 GB/T 14699.1 的规定执行。

5. 试样制备

按照 GB/T 20195 制备试样，磨碎，全部通过 0.28 mm 孔筛，混匀，装入密闭容器中，避光低温保存备用。

6. 分析步骤

（1）试样溶解的制备：

① 皂化：称取试样配合饲料或浓缩饲料 10 g，精确至 0.001 g，维生素预混合饲料或复合预混合饲料 1~5 g，精确至 0.000 1 g，置入 250 mL 圆底烧瓶中，加 50 mL L-抗坏血酸乙醇溶液，使试样完全分散、浸湿，加 10 mL 氢氧化钾溶液，混匀。置于沸水浴上回流 30 min，不时振荡防止试样黏附在瓶壁上，皂化结束，分别用 5 mL 无水乙醇、5 mL 水自冷凝管顶端冲洗其内部，取出烧瓶冷却至约 40℃。

② 提取：定量转移全部皂化液于盛有 100 mL 无水乙醚的 500 mL 分液漏斗中，用 30~50 mL 水分 2~3 次冲洗圆底烧瓶并入分液漏斗，加盖、放气、随后混合，激烈振荡 2 min，静置、分层。转移水相于第二个分液漏斗中，分次用 100 mL、60 mL 乙醚重复提取 2 次，弃去水相，合并 3 次乙醚相。用水每次 100 mL洗涤乙醚提取液至中性，初次水洗时轻轻旋摇，防止乳化。乙醚提取液通过无水硫酸钠脱水，转移到 250 mL 棕色容量瓶中，加 100 mg BHT 使之溶解，用乙醚定容至刻度（V_1）。以上操作均在避光通风柜内进行。

③ 浓缩：从乙醚提取液（V_1）中分取一定体积（V_2）（依据样品标示量、称样量和提取液量确定分取量）置于旋转蒸发器烧瓶中，在水浴温度约 50℃，部分真空条件下蒸发至干或用氮气吹干。残渣用正己烷溶解（反相色谱用甲醇溶解），并稀释至 10 mL（V_3）使其维生素 A 最后浓度为每毫升 5~10 IU，离心或通过 0.45 μm 过滤膜过滤，用于高效液相色谱仪分析。以上操作均在避光通风柜内进行。

（2）测定：

① 色谱条件：主要介绍正相色谱、反相色谱。

正相色谱

色谱柱：硅胺 Si60，长 125 mm，内径 4 mm，粒度 5 μm（或性能类似的分析柱）；

流动相：正己烷+异丙醇（98+2）；

流速：1.0 mL/min；

温度：室温；

进样量：20 μL；

检测波长：326 nm。

反相色谱

色谱柱：C_{18}柱，长 125 mm，内径 4.6 mm，粒度 5 μm（或性能类似的分析柱）；

流动相：甲醇+水（95+5）；

流速：1.0 mL/min；

温度：室温；

进样量：20 μL；

检测波长：326 nm。

② 定量测定：按高效液相色谱仪说明书调整仪器操作参数，向色谱柱注入相应的维生素 A 标准工作液和试样溶液，得到色谱峰面积响应值，用外标法定量测定，维生素 A 标准色谱图参见图 2-1。

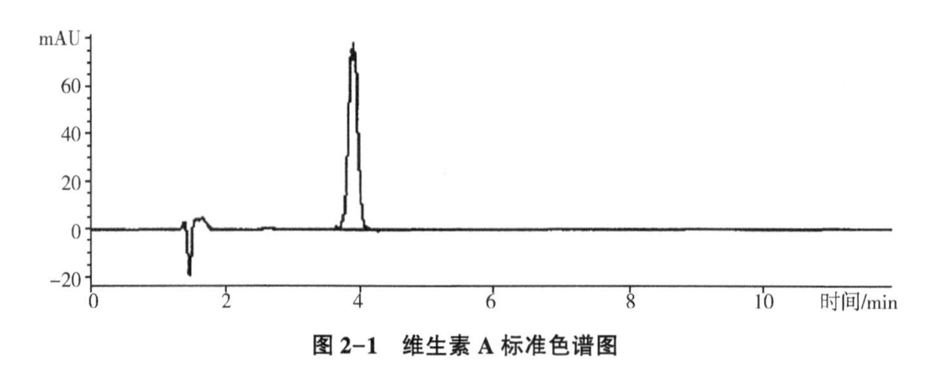

图 2-1 维生素 A 标准色谱图

③ 结果计算：试样中维生素 A 的含量，以质量分数 X_1 计，数值以国际单位每千克（IU/kg）或毫克每千克（mg/kg）表示，按式 2-1 计算：

$$X_1 = \frac{P_1 \times V_1 \times V_3 \times \rho_1}{P_2 \times m_1 \times v_2 \times f_1} \times 1\ 000 \qquad \text{式 2-1}$$

式中：

P_1——试样溶液峰面积值；

V_1——提取液的总体积，单位为毫升（mL）；

V_3——试样溶液最终体积，单位为毫升（mL）；

ρ_1——维生素 A 标准工作液浓度，单位为微克每毫升（μg/mL）；

P_2——维生素 A 标准工作液（峰面积值）；

m_1——试样质量，单位为克（g）；

v_2——从提取液（V_1）中分取的溶液体积，单位为毫升（mL）；

f_1——转换系数，1 国际单位（IU）相当于 0.344 μg 维生素 A 乙酸酯，或 0.300 μg 维生素 A 活性。

平行测定结果用算术平均值表示，保留 3 位有效数字。

④ 重复性：同一分析者对同一试样同时两次平行测定所得结果的相对偏差见表 2-1。

表 2-1　相对偏差

维生素 A 含量/（mg/kg）	相对偏差/%
$1.00\times10^3\sim1.00\times10^4$	±20
$>1.00\times10^4\sim1.00\times10^5$	±15
$>1.00\times10^5\sim1.00\times10^6$	±10
$>1.00\times10^6$	±5

（二）直接提取法

1. 原理

维生素预混料中的维生素 A 乙酸酯用甲醇溶液提取，试液注入高效液相色谱柱，在 326 nm 处测定，外标法计算维生素 A 乙酸酯含量。

2. 试剂和溶液

除特殊注明外，本标准所用试剂均为分析纯，水符合 GB/T 6682 中三级用水规定，色谱用水符合 GB/T 6682 中一级用水规定。

（1）维生素 A 乙酸酯标准品：维生素 A 乙酸酯含量≥99.0%。

（2）维生素 A 乙酸酯标准贮备液：称取维生素 A 乙酸酯标准品 34.4 mg（精确至0.000 01 g），于 100 mL 棕色容量瓶中，用甲醇溶解并稀释至刻度，混匀，4℃保存。该贮备液浓度为 344 μg/mL（1 000 IU/mL），临用前用紫外分光光度计标定其准确浓度。

（3）维生素 A 乙酸酯标准工作液：准确吸取维生素 A 乙酸酯标准贮备液 1.0 mL于 100 mL 棕色容量瓶中，用甲醇稀释至刻度，混匀，配制工作液浓度为 3.44 μg/mL（10 IU/mL）。

3. 仪器和设备

（1）超声波水浴。

（2）其他同“（一）皂化提取法”中“3. 仪器和设备”。

4. 采样

同“（一）皂化提取法”中“4. 采样”。

5. 试样制备

同“（一）皂化提取法”中“5. 试样制备”。

6. 分析步骤

（1）试样溶液的制备：称取试样 1 g，精确至 0.000 1 g，置于 100 mL 的棕色容量瓶中，加入约 80 mL 的甲醇，瓶塞不要拧紧，于 65℃超声波水浴中超声提取 30 min，冷却至室温，用甲醇稀释至刻度，充分摇匀。如果试样中维生素 A 乙酸酯的标示量低于 10^7 IU/kg，则将溶液过 0.45 μm 滤膜，进样测定，否则需将溶液用甲醇进一步稀释，使维生素 A 乙酸酯的进样浓度与维生素 A 乙酸酯标准工作液浓度接近。

（2）测定：

① 色谱条件

色谱柱：C_{18}柱，长 150 mm，内径 4.6 mm，粒度 5 μm（或性能类似的分析柱）；

流动相：甲醇+水（98+2）；

流速：1.0 mL/min；

温度：室温；

进样量：20 μL；

检测波长：326 nm。

② 定量测定：按高效液相色谱仪说明书调整仪器操作参数，向色谱柱注入相应的维生素 A 乙酸酯标准工作液和试样溶液，得到色谱峰面积响应值，用外标法定量测定，维生素 A 乙酸酯标准色谱图参见图 2-2。

③ 结果计算：试样中维生素 A 乙酸酯的含量，以质量分数 X_2 计，数值以国际单位每千克（IU/kg）或毫克每千克（mg/kg）表示，按式 2-2 计算：

$$X_1 = \frac{P_3 \times V \times \rho_2}{P_4 \times m_2 \times f_2} \times 1\ 000 \qquad \text{式 2-2}$$

式中：

P_3——试样溶液峰面积值；

V——试样溶液的总稀释体积，单位为毫升（mL）；

ρ_2——维生素 A 乙酸酯标准工作液浓度，单位为微克每毫升（μg/mL）；

P_4——维生素 A 乙酸酯标准工作液峰面积值；

m_2——试样质量，单位为克（g）；

f_2——转换系数，1 国际单位（IU）相当于 0.344 μg 维生素 A 乙酸酯。

平行测定结果用算术平均值表示，保留 3 位有效数字。

④ 重复性：同一分析者对同一试样同时两次平行测定所得结果的相对偏差不大于 10%。

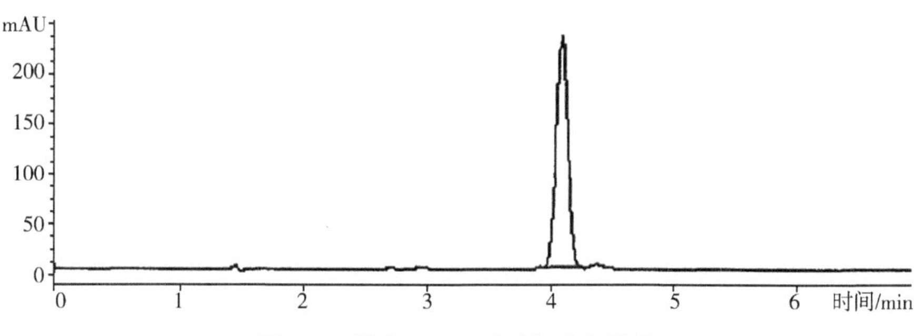

图 2-2　维生素 A 乙酸酯标准色谱图

二、饲料中维生素 D_3 的测定　高效液相色谱法（GB/T 17818—2010）

（一）皂化提取法

1. 原理

用碱溶液皂化试样，乙醚提取维生素 D_3，蒸发乙醚，残渣溶解于甲醇并将部分溶液注入高效液相色谱反相净化柱，收集含维生素 D_3 淋洗液，蒸发至干，溶解于适当溶剂中，注入高效液相色谱分析柱，在 264 nm 处测定，外标法计算维生素 D_3 含量。

2. 试剂和溶液

除特殊注明外，本标准所用试剂均为分析纯，水符合 GB/T 6682 中三级用水规定，色谱用水符合 GB/T 6682 中一级用水规定，溶液按照 GB/T 603 配制。

（1）无水乙醚（不含过氧化物）：

过氧化物检查方法：用 5 mL 乙醚加 1 mL 碘化钾溶液，振摇 1 min，如有过氧化物则放出游离碘，水层呈黄色，或加淀粉指示液，水层呈蓝色。该乙醚需处理后使用。

去除过氧化物的方法：乙醚用硫代硫酸钠溶液振摇，静置，分取乙醚层，再用水振摇，洗涤两次，重蒸，弃去首尾 5%的部分，收集馏出的乙醚，再检查过氧化物，应符合规定。

（2）无水乙醇。

（3）正己烷：色谱纯。

（4）1,4-二氧六环。

（5）甲醇：色谱纯。

（6）2,6-二叔丁基对甲酚（BHT）。

（7）无水硫酸钠。

（8）氮气（纯度 99.9%）。

（9）碘化钾溶液：100 g/L。

（10）淀粉指示液：5 g/L（临用现配）。

（11）硫代硫酸钠溶液：50 g/L。

（12）氢氧化钾溶液：500 g/L。

（13）L-抗坏血酸乙醇溶液：5 g/L，取 0.5 g L-抗坏血酸结晶纯品需解于 4 mL 温热的水中，用无水乙醇稀释至 100 mL，临用前配制。

（14）酚酞指示剂：10 g/L。

（15）氯化钠溶液：100 g/L。

（16）维生素 D_3 标准品：维生素 D_3 含量>99.0%。

（17）维生素 D_3 标准贮备液：称取 50 mg 维生素 D_3（胆钙化醇）标准品（精确至 0.000 01 g）于 50 mL 棕色容量瓶中，用正己烷溶解并稀释至刻度，混匀，4℃保存。该贮备液浓度为 1.0 mg/mL。

（18）维生素 D_3 标准工作液：准确吸取维生素 D_3 标准贮备液，用正己烷按 1∶100 比例稀释，若用反相色谱测定，将 1.0 mL 维生素 D_3 标准贮备液置入 10 mL 棕色容量瓶中，用氮气吹干，用甲醇稀释至刻度，混匀，再按比例稀释，该标准工作液浓度为 10 μg/mL。

3. 仪器和设备

（1）分析天平，感量 0.001 g。

（2）分析天平，感量 0.000 1 g。

（3）分析天平，感量 0.000 01 g。

（4）圆底烧瓶，带回流冷凝器。

（5）恒温水浴或电热套。

（6）旋转蒸发器。

（7）超纯水器。

（8）高效液相色谱仪，带紫外可调波长检测器（或二极管矩阵检测器）。

4. 采样

按照 GB/T 14699.1 的规定执行。

5. 试样制备

按照 GB/T 20195 制备试样，磨碎，全部通过 0.28 mm 孔筛，混匀，装入密闭容器中，避光低温保存备用。

6. 分析步骤

（1）试样溶液的制备：

① 皂化：称取试样，配合饲料 10~20 g，浓缩饲料 10 g，精确至 0.001 g，维生素预混合饲料或复合预混合饲料 1~5 g，精确至 0.000 1 g，置入 250 mL 圆底烧瓶中，加 50~60 mL L-抗坏血酸乙醇溶液，使试样完全分散、浸湿，加 10 mL 氢氧化钾溶液，混合均匀，置于沸水浴上回流 30 min，不时振荡防止试样黏附在瓶壁上，皂化结束，分别用 5 mL 无水乙醇、5 mL 水自冷凝管顶端冲洗其内部，取出烧瓶冷却至约 40℃。

② 提取：定量转移全部皂化液于盛 100 mL 无水乙醚的 500 mL 分液漏斗中，用 30~50 mL 水分 2~3 次冲洗圆底烧瓶并入分液漏斗，加盖、放气、随后混合，激烈振荡 2 min，静置分层。转移水相于第二个分液漏斗中，分次用 100 mL、60 mL 乙醚重复提取两次，弃去水相，合并三次乙醚相。用氯化钠溶液 100 mL 洗涤一次，再用水每次 100 mL 洗涤乙醚提取液至中性，初次水洗时轻轻旋摇，防止乳化。乙醚提取液通过无水硫酸钠脱水，转移到 250 mL 棕色容量瓶中，加 100 mg BHT 使之溶解，用乙醚定容至刻度（V_1）。以上操作均在避光通风柜内进行。

③ 浓缩：从乙醚提取液（V_1）中分取一定体积（V_2）（依据样品标示量、称样量和提取液量确定分取量）置于旋转蒸发器烧瓶中，在部分真空，水浴温度 50℃的条件下蒸发至干，或用氮气吹干。残渣用正己烷溶解（需净化时用甲醇溶解，按照④进行），并稀释至 10 mL（V_3）使其获得的溶液中每毫升含维生素 D_3 2~10 μg（80~400 IU），离心或通过 0.45 μm 过滤膜过滤，收集清液移入 2 mL 小试管，用于高效液相色谱仪分析。以上操作均在避光通风柜内进行。

④ 高效液相色谱净化柱净化：用 5 mL 甲醇溶解圆底烧瓶中的残渣，向高效液相色谱净化柱中注射 0.5 mL 甲醇溶液［按“（2）测定中①”所述色谱条件，以维生素 D_3 标准甲醇溶液流出时间±0.5 min］，收集含维生素 D_3 的馏分于 50 mL 小容量瓶中，蒸发至干（或用氮气吹干），溶解于正己烷中。

所测样品的维生素 D_3 标示量在每千克超过 10 000 IU 范围时，可以不使用高效液相色谱净化柱，直接用分析柱分析。

（2）测定：

① 高效液相色谱净化条件

色谱净化柱：Lichrosorb RP-8，长 25 cm，内径 10 mm，粒度 10 μm；

流动相：甲醇+水（90+10）；

流速：2.0 mL/min；

温度：室温；

检测波长：264 nm。

② 高效液相色谱分析条件

正相色谱

色谱柱：硅胺 Si60，长 125 mm，内径 4.6 mm，粒度 5 μm（或性能类似的分析柱）；

流动相：正己烷+1,4-二氧六环（93+7）；

流速：1.0 mL/min；

温度：室温。

进样量：20 μL；

检测波长：264 nm。

反相色谱

色谱柱：C_{18}柱，长 125 mm，内径 4.6 mm，粒度 5 μm（或性能类似的分析柱）；

流动相：甲醇+水（95+5）；

流速：1.0 mL/min；

温度：室温；

进样量：20 μL；

检测波长：264 nm。

③ 定量测定：按高效液相色谱仪说明书调整仪器操作参数，为准确测量，按要求对分析柱进行系统适应性试验，使维生素 D_3 与维生素 D_3 原或其他峰之间有较好分离度，其 R≥1.5。向色谱柱注入相应的维生素 D_3 标准工作液和试样溶液，得到色谱峰面积响应值，用外标法定量测定。

④ 结果计算：试样中维生素 D_3 的含量，以质量分数 X_1 计，数值以国际单位每千克（IU/kg）或毫克每千克（mg/kg）表示，按式 2-3 计算：

$$X_1 = \frac{P_1 \times V_1 \times V_3 \times \rho_1 \times 1.25}{P_2 \times m_1 \times V_2 \times f_1} \times 1\,000 \qquad 式 2-3$$

式中：

P_1——试样溶液峰面积值；

V_1——提取液的总体积，单位为毫升（mL）；

V_3——试样溶液最终体积，单位为毫升（mL）；

ρ_1——维生素 D_3标准工作液浓度，单位为微克每毫升（μg/mL）；

P_2——维生素 D_3标准工作液峰面积值；

m_1——试样质量，单位为克（g）；

V_2——从提取液（V_1）中分取的溶液体积，单位为毫升（mL）；

f_1——转换系数，1 国际单位（IU）维生素 D_3 相当于 0.025μg 胆钙化醇。

注：维生素 D_3 对照品与试样同样皂化处理后，所得标准溶液注入高效液相色谱分析柱以维生素 D_3 峰面积计算时可不乘 1.25。

平行测定结果用算术平均值表示，保留 3 位有效数字。

⑤ 重复性：同一分析者对同一试样同时两次平行测定所得结果的相对偏差见表 2-2。

表 2-2　相对偏差

维生素 D_3含量/（IU/kg）	相对偏差/%
1.00×10^3 ~ 1.00×10^5	±20
>1.00×10^5 ~ 1.00×10^6	±15
>1.00×10^6	±10

（二）直接提取法

1. 原理

维生素预混合饲料中的维生素 D_3 用甲醇溶液提取，试液注入高效液相色谱柱，在 264 nm 处测定，外标法计算维生素 D_3 含量。

2. 试剂和溶液

除特殊注明外，本标准所用试剂均为分析纯，水符合 GB/T 6682 中三级用水规定，色谱用水符合 GB/T 6682 中一级用水规定。

（1）维生素 D_3 标准品：维生素 D_3 含量≥99.0%。

（2）维生素 D_3 标准贮备液：称取维生素 D_3 标准品 100 mg（精确至 0.000 01 g），于 100 mL 棕色容量瓶中，用甲醇溶解并稀释至刻度，混匀，4℃保存。该贮备液浓度为 1.0 mg/mL。

（3）维生素 D_3 标准工作液：准确吸取维生素 D_3 标准贮备液 1.0 mL 于 100 mL 棕色容量瓶中，用甲醇稀释至刻度，摇匀，配制工作液浓度为 10 μg/mL。

3. 仪器和设备

（1）超声波水浴。

（2）其他同“（一）皂化提取法”中“3. 仪器和设备”。

4. 采样

同“（一）皂化提取法”中“4. 采样”。

5. 试样制备

同“（一）皂化提取法”中“5. 试样制备”。

6. 分析步骤

（1）试样溶液的制备：称取试样 1 g，精确至 0.000 1 g，置于 100 mL 的棕色容量瓶中，加入约 80 mL 的甲醇，瓶塞不要拧紧，于 65℃ 超声波水浴中超声提取 30 min，冷却至室温，用甲醇稀释至刻度，充分摇匀，将溶液过 0.45 μm 滤膜，进样测定，使待测样品维生素 D_3 的进样浓度与标准溶液浓度接近。

（2）测定：

① 色谱条件

色谱柱：C_{18} 柱，长 150 mm，内径 4.6 mm，粒度 5 μm（或性能类似的分析柱）；

流动相：甲醇+水（98+2）；

流速：1.0 mL/min；

温度：室温；

进样量：20 μL；

检测波长：264 nm。

② 定量测定：按高效液相色谱仪说明书调整仪器操作参数，向色谱柱注入相应的维生素 D_3 标准工作液和试样溶液，得到色谱峰面积响应值，用外标法定量测定维生素 D_3 标准色谱图，参见图 2-3。

③ 结果计算：试样中维生素 D_3 的含量，以质量分数 X_2 计，数值以国际单位每千克（IU/kg）或毫克每千克（mg/kg）表示，按式 2-4 计算：

$$X_2 = \frac{P_3 \times V \times \rho_2}{P_4 \times m_2 \times f_2} \times 1\ 000 \qquad \text{式 2-4}$$

式中：

P_3——试样溶液峰面积值；

V——试样溶液的总稀释体积，单位为毫升（mL）；

ρ_2——维生素 D_3 标准工作液浓度，单位为微克每毫升（μg/mL）；

P_4——维生素 D_3 标准工作液峰面积值；

m_2——试样质量，单位为克（g）；

f_2——转换系数，1 国际单位（IU）维生素 D_3 相当于 0.025 μg 胆钙化醇；

1.07——提取时生成预维生素 D_3 的校正因子。

注：维生素 D_3 标准品与试样同样处理后，所得标准溶液注入高效液相色谱分析柱以维生素 D_3 峰面积计算时可不乘 1.07。

平行测定结果用算术平均值表示，保留 3 位有效数字。

④ 重复性：同一分析者对同一试样同时两次平行测定所得结果的相对偏差不大于 10%。

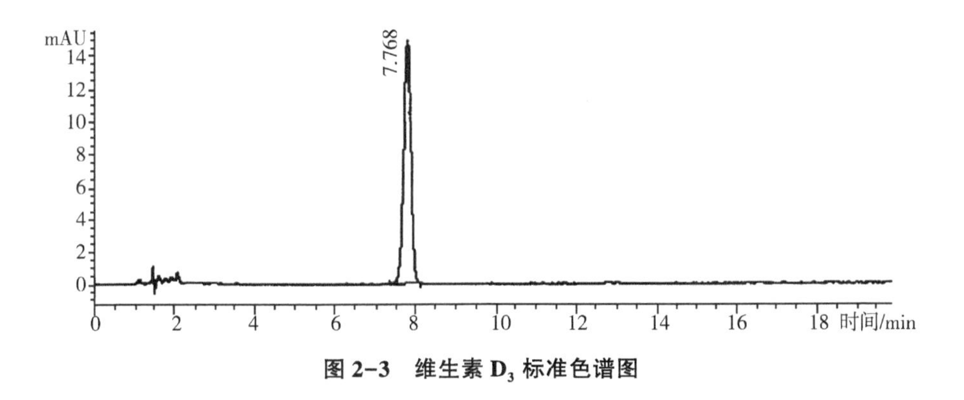

图 2-3　维生素 D_3 标准色谱图

三、饲料中维生素 E 的测定　高效液相色谱法（GB/T 17812—2008）

（一）皂化提取法（仲裁法）

1. 原理

用碱溶液皂化试验样品，使试样中天然生育酚释放出来，添加的 DL-α-生育酚乙酸酯转化为游离的 DL-α-生育酚，乙醚提取，蒸发乙醚，用正己烷溶解残渣。试液注入高效液相色谱柱，用紫外检测器在 280 nm 处测定，外标法计算维生素 E（DL-α-生育酚）含量。

2. 试剂和溶液

除特殊注明外，本标准所用试剂均为分析纯，水符合 GB/T 6682 中三级用水规定，色谱用水符合 GB/T 6682 中一级用水规定，溶液按照 GB/T 603 配制。

（1）碘化钾溶液：100 g/L。

（2）淀粉指示液：5 g/L。

（3）硫代硫酸钠溶液：50 g/L。

（4）无水乙醚：不含过氧化物。

过氧化物检查方法：用 5 mL 乙醚加 1 mL 碘化钾溶液，振摇 1 min，如有过氧化物则放出游离碘，水层呈黄色，或加淀粉指示液，水层呈蓝色。该乙醚需处理后使用。

去除过氧化物的方法：乙醚用硫代硫酸钠溶液振摇，静置，分取乙醚层，再用蒸馏水振摇，洗涤 2 次，重蒸，弃去首尾 5%部分，收集馏出的乙醚，再检查过氧化物，应符合规定。

（5）无水乙醇。

（6）正己烷：色谱纯。

（7）1,4-二氧六环。

（8）甲醇：色谱纯。

（9）2,6-二叔丁基对甲酚（BHT）。

（10）无水硫酸钠。

（11）氢氧化钾溶液：500 g/L。

（12）L-抗坏血酸乙醇溶液：5 g/L。取 0.5 g L-抗坏血酸结晶纯品溶解于 4 mL 温热的蒸馏水中，用无水乙醇稀释至 100 mL，临用前配制。

（13）维生素 E（DL-α-生育酚）对照品：DL-α-生育酚含量≥ 99.0%。

（14）DL-α-生育酚标准贮备液：称取 DL-α-生育酚对照品 100 mg（精确至 0.000 01 g）于 100 mL 棕色容量瓶中，用正己烷溶解并稀释至刻度，混匀，4℃保存。该贮备液浓度为 1.0 mg/mL。

（15）DL-α-生育酚标准工作液：准确吸取 DL-α-生育酚标准贮备液，用正己烷按 1∶20 比例稀释。若用反相色谱测定，将 1.0 mL DL-α-生育酚标准贮备液置入 10 mL 棕色容量瓶中，用氮气吹干，用甲醇稀释至刻度，混匀，再按比例稀释，配制工作液浓度为 50 μg/mL。

（16）酚酞指示剂乙醇溶液：10 g/L。

（17）氮气（纯度 99.9%）。

3. 仪器和设备

（1）分析天平，感量分别为 0.000 1 g、0.000 01 g。

（2）圆底烧瓶，带回流冷凝器。

（3）恒温水浴或电热套。

（4）旋转蒸发器。

（5）超纯水器。

（6）高效液相色谱仪，带紫外可调波长检测器（或二极管矩阵检测器）。

4. 采样

按照 GB/T 14699.1 的规定执行。

5. 试样制备

按照 GB/T 20195 制备试样，磨碎，全部通过 0.28 mm 孔筛，混匀，装入密闭容器中，避光低温保存备用。

6. 分析步骤

警告——在通风柜内操作!

（1）试样溶液的制备：

① 皂化：称取试样配合饲料或浓缩饲料 10 g，精确至 0.001 g，维生素预混料或复合预混料 1~5 g，精确至 0.000 1 g，置入 250 mL 圆底烧瓶中，加 50 mL L-抗坏血酸乙醇溶液，使试样完全分散、浸湿，置于水浴上加热直到沸点，用氮气吹洗稍冷却，加 10 mL 氢氧化钾溶液，混合均匀，在氮气流下沸腾皂化回流 30 min，不时振荡防止试样黏附在瓶壁上，皂化结束，分别用 5 mL 无水乙醇、5 mL 水自冷凝管顶端冲洗其内部，取出烧瓶冷却至约 40℃。

② 提取：定量转移全部皂化液于盛有 100 mL 无水乙醚的 500 mL 分液漏斗中，用 30~50 mL 蒸馏水分 2~3 次冲洗圆底烧瓶并入分液漏斗，加盖、放气，随后混合，激烈振荡 2 min，静置、分层。转移水相于第二个分液漏斗中，分次用 100 mL、60 mL 乙醚重复提取两次，弃去水相，合并三次乙醚相。用蒸馏水每次 100 mL 洗涤乙醚提取液至中性，初次水洗时轻轻旋摇，防止乳化。乙醚提取液通过无水硫酸钠脱水，转移到 250 mL 棕色容量瓶中，加 100 mg BHT，使之溶解，用乙醚定容至刻度（V_1）。

③ 浓缩：从乙醚提取液（V_1）中分取一定体积（V_2）（依据样品标示量、称样量和提取液量确定分取量）置于旋转蒸发器烧瓶中，在部分真空、水浴温度约 50℃的条件下蒸发至干或用氮气吹干。残渣用正己烷溶解（反相色谱用甲醇溶解），并稀释至 10 mL（V_3）使获得的溶液中每毫升含维生素 E（DL-α-生育

酚）50~100 μg，离心或通过 0.45 μm 过滤膜过滤，用于高效液相色谱仪分析。

（2）测定：

① 色谱条件

正相色谱

色谱柱：硅胺 Lichrosorb Si60，长 125 mm，内径 4.6 mm，粒度 5 μm；

流动相：正己烷+1,4-二氧六环（97+3）；

流速：1.0 mL/min；

温度：室温；

进样量：20 μL；

检测器：紫外可调波长检测器（或二极管矩阵检测器），检测波长 280 nm。

反相色谱

色谱柱：C_{18}柱，长 125 mm，内径 4.6 mm，粒度 5 μm；

流动相：甲醇+水（95+5）；

流速：1.0 mL/min；

温度：室温；

进样量：20 μL；

检测器：紫外可调波长检测器（或二极管矩阵检测器），检测波长 280 nm。

② 定量测定：按高效液相色谱仪说明书调整仪器操作参数，向色谱柱注入相应的维生素 E（DL-α-生育酚）标准工作液和试样溶液，得到色谱峰面积响应值，用外标法定量测定。

③ 结果计算：试样中维生素 E 的含量（X_1），以质量分数［国际单位（或毫克）每千克（IU 或 mg/kg）］表示，按式 2-5 计算：

$$X_1 = \frac{P_1 \times V_1 \times V_3 \times \rho_1}{P_2 \times m_1 \times V_2 \times f_1} \quad \text{式 2-5}$$

式中：

P_1——试样溶液峰面积值；

V_1——提取液的总体积，单位为毫升（mL）；

V_3——试样溶液最终体积，单位为毫升（mL）；

ρ_1——标准工作液浓度，单位为微克每毫升（μg/mL）；

P_2——标准工作液峰面积值；

m_1——试样质量，单位为克（g）；

V_2——从提取液（V_1）中分取的溶液体积，单位为毫升（mL）；

f_1——转换系数，1 IU 维生素 E 相当于 0.909 mg DL-α-生育酚，或 1.0 mg DL-α-生育酚乙酸酯。

平行测定结果用算术平均值表示，保留 3 位有效数字。

④ 重复性：同一分析者对同一试样同时两次平行测定所得结果的相对偏差见表 2-3。

表 2-3　两次平行测定所得结果的相对偏差

DL-α-生育酚含量/（mg/kg）	相对偏差/%
1~10	±20
⩾10	±10

（二）直接提取法（快速测定法）

1. 原理

维生素预混料中的维生素 E（DL-α-生育酚乙酸酯）用甲醇溶液提取，试液注入高效液相色谱柱，用紫外检测器（或二极管矩阵检测器）在 285 nm 处测定，外标法计算维生素 E（DL-α-生育酚乙酸酯）含量。

2. 试剂和溶液

除特殊注明外，本标准所用试剂均为分析纯，水符合 GB/T 6682 中三级用水规定，色谱用水符合 GB/T 6682 中一级用水规定。

（1）维生素 E（DL-α-生育酚乙酸酯）对照品：DL-α-生育酚乙酸酯含量⩾99.0%。

（2）维生素 E（DL-α-生育酚乙酸酯）标准贮备液：称取 DL-α-生育酚乙酸酯 100 mg（精确至 0.000 01 g），于 100 mL 棕色容量瓶中，用甲醇溶解并稀释至刻度，混匀，4℃保存。该贮备液浓度为 1.0 mg/mL。

（3）维生素 E（DL-α-生育酚乙酸酯）标准工作液：准确吸取 DL-α-生育酚乙酸酯标准贮备液 1.0 mL 于 10 mL 棕色容量瓶中，用甲醇稀释至刻度，混匀，配制工作液浓度为 100 μg/mL。

3. 仪器和设备

（1）超声波水浴。

（2）其他同“（一）皂化提取法（仲裁法）”中“3. 仪器和设备”。

4. 采样

同“（一）皂化提取法（仲裁法）”中“4. 采样”。

5. 试样制备

同“（一）皂化提取法（仲裁法）”中“5. 试样制备”。

6. 分析步骤

（1）试样溶液的制备：称取试样 1 g，精确至 0.000 1 g，置于 100 mL 的棕色容量瓶中，加入约 80 mL的甲醇，瓶塞不要拧紧，于 60℃ 超声波水浴中超声提取 30 min，冷却至室温，用甲醇稀释至刻度，充分摇匀。如果试样中维生素 E（DL-α-生育酚乙酸酯）的标示量低于 10 g/kg，则将溶液过 0.45 μm 滤膜，进样测定，否则需将溶液用甲醇进一步稀释，使维生素 E（DL-α-生育酚乙酸酯）的进样浓度在 10~120 μg/mL。

（2）测定：

① 色谱条件

色谱柱：C_{18}柱，长 150 mm，内径 4.6 mm，粒度 5 μm；

流动相：甲醇+水（98+2）；

流速：1.0 mL/min；

温度：室温；

进样量：20 μL；

检测器：紫外可调波长检测器（或二极管矩阵检测器），检测波长 285 nm。

② 定量测定：按高效液相色谱仪说明书调整仪器操作参数，向色谱柱注入相应的维生素 E（DL-α-生育酚乙酸酯）标准工作液和试样溶液，得到色谱峰面积响应值，用外标法定量测定。

③ 结果计算：试样中维生素 E 的含量（X_2），以质量分数［国际单位（或毫克）每千克（IU 或 mg/kg）］表示，按式 2-6 计算：

$$X_2 = \frac{P_3 \times V \times \rho_2}{P_4 \times m_2 \times f_2} \qquad \text{式 2-6}$$

式中：

P_3——试样溶液峰面积值；

V——试样溶液的总稀释体积，单位为毫升（mL）；

ρ_2——标准工作液浓度，单位为微克每毫升（μg/mL）；

P_4——标准工作液峰面积值；

m_2——试样质量，单位为克（g）；

f_2——转换系数，1 IU 维生素 E 相当于 0.909 mg DL-α-生育酚，或 1.0 mg DL-α-生育酚乙酸酯。

平行测定结果用算术平均值表示，保留 3 位有效数字。

④ 重复性：同一分析者对同一试样同时两次平行测定所得结果的相对偏差不大于 10%。

四、饲料中维生素 K_3 的测定　高效液相色谱法（GB/T 18872—2017）

1. 原理

试样经三氯甲烷和碳酸钠溶液提取并转化成游离甲萘醌，经反相 C_{18} 柱分离，紫外检测器检测，外标法定量。

2. 试剂和材料

除另有说明外，本标准所有试剂均为分析纯试剂，试验用水符合 GB/T 6682 中三级用水规定，色谱用水符合 GB/T 6682 中一级用水规定，溶液按照 GB/T 603 配制。

（1）三氯甲烷。

（2）甲醇：色谱纯。

（3）无水碳酸钠。

（4）碳酸钠溶液：c=1 mol/L，称取无水碳酸钠 10.6 g，加 100 mL 水溶解，摇匀。

（5）无水硫酸钠。

（6）硅藻土。

（7）硅藻土和无水硫酸钠混合物：称取 3 g 硅藻土与 20 g 无水硫酸钠混匀。

（8）甲萘醌标准品：含量≥ 96%。

（9）甲萘醌标准贮备液：称取甲萘醌标准品约 50 mg（精确至 0.000 01 g）于 100 mL 棕色容量瓶中，用甲醇溶解，稀释至刻度，混匀。该贮备液浓度约为 500 μg/mL，−18℃保存，有效期一年。

（10）甲萘醌标准工作液：准确吸取 1.00 mL 甲萘醌标准贮备液于 100 mL 棕色容量瓶中，用甲醇 溶解，稀释至刻度，混匀。该工作液浓度约为 5 μg/mL，−18℃保存，有效期 3 个月。

3. 仪器和设备

（1）实验室常用仪器设备。

（2）天平，感量 0.001 g。

（3）天平，感量 0.0001 g。

（4）天平，感量 0.000 01 g。

（5）旋转振荡器，200 r/min。

（6）离心机：不低于 5 000 r/min（相对离心力为 2 988 g）。

（7）氮吹仪（或旋转蒸发仪）。

（8）高效液相色谱仪，带紫外可调波长检测器（或二极管矩阵检测器）。

4. 采样和试样制备

按照 GB/T 14699.1 抽取有代表性的饲料样品，用四分法缩减取样。

按照 GB/T 20195 制备试样，磨碎，全部通过 0.25 mm 孔筛，混匀，装入密闭容器中，避光低温保存备用。

5. 分析步骤

警示——因维生素 K_3 对空气和紫外光具敏感性，而且所用提取剂三氯甲烷溶液有一定毒性，所以全部操作均应避光并在通风橱内进行。

（1）试样溶液的制备：称取维生素预混料 0.25～0.5 g（精确至 0.000 1 g）或复合预混料 1g 或浓缩饲料 5 g（精确至 0.000 1 g）、配合饲料、精料补充料 5～10 g（精确至 0.000 1 g），置入 100 mL 具塞锥形瓶中，准确加入 50 mL 三氯甲烷放在旋转振荡器旋转振荡 2 min。加 5 mL 碳酸钠溶液旋转振荡 3 min。再加 5 g 硅藻土和无水硫酸钠混合物，于旋转振荡器上振荡 30 min，然后用中速滤纸过滤（或移入离心管，5 000 r/min 离心 10 min）。

依据样品预期量、称样量和提取液量确定分取量（表 2-4），准确吸取适量三氯甲烷提取液（V_2），用氮气吹干（或 40℃旋转减压蒸干）。用甲醇溶解，定容（V_3），使试样溶液浓度为每毫升含甲萘醌 0.1～5 μg。通过 0.45 μm 有机滤膜过滤，用于高效液相色谱仪分析。

表 2-4 饲料样品标示量、称样量及甲萘醌提取液稀释倍数

饲料类别	维生素 K_3 标示量/（mg/kg）	称样量/g	三氯甲烷体积/mL	提取液中维生素 K_3 浓度/（μg/mL）	提取液稀释倍数	注入 HPLC 试样预计浓度/（μg/mL）
维生素预混合饲料	20 000	0.25	50.0	100.0	20	5.0
	2 000	0.5	50.0	20.0	4	5.0
复合预混合饲料	1 000	1.0	50.0	20.0	4	5.0
	100	1.0	50.0	2.0	1	2.0
浓缩饲料	20	5.0	50.0	2.0	1	2.0
配合饲料、精料补充料	10	5.0	50.0	1.0	0.5	2.0
	0.5	5.0	50.0	0.05	0.05	1.0

（2）测定：

① 色谱条件

色谱柱：C_{18}柱，长 150 mm，内径 4. 6 mm，粒度 5 μm，或性能类似的分析柱；

流动相：甲醇+水（75 + 25）；

流速：1. 0 mL/min；

柱温：室温；

进样量：5~20 μL；

检测波长：251 nm。

② 定量测定：依次注入相应的甲萘醌标准工作液和试样溶液，得到色谱峰面积响应值，用外标法定量测定，甲萘醌标准溶液色谱图参见图 2-4。

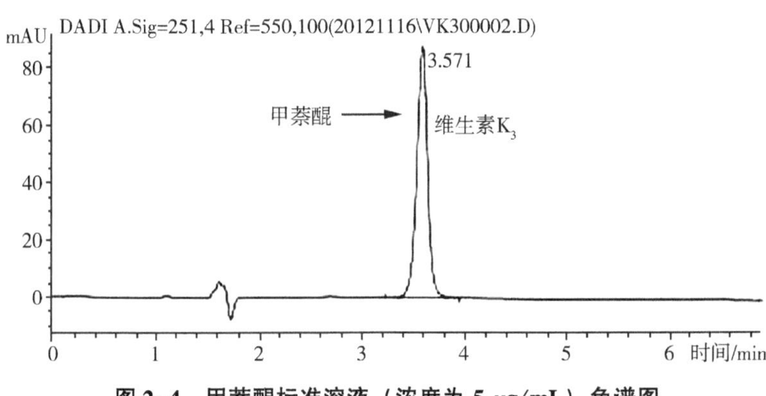

图 2-4　甲萘醌标准溶液（浓度为 5 μg/mL）色谱图

6. 结果计算

试样中甲萘醌的含量 X，以甲萘醌在样品中的质量分数表示，单位为毫克每千克（mg/kg），按式 2-7 计算：

$$X = \frac{P_1 \times V_1 \times V_3 \times \rho}{P_2 \times m \times V_2} \qquad \text{式 2-7}$$

式中：

P_1——试样溶液峰面积值；

V_1——提取液的总体积，单位为毫升（mL）；

V_3——试样溶液定容体积，单位为毫升（mL）；

ρ ——甲萘醌标准工作液浓度，单位为微克每毫升（μg/mL）；

P_2——甲萘醌标准工作液峰面积值；

m——试样质量，单位为克（g）；

V_2——从提取液（V_1）中分取的溶液体积，单位为毫升（mL）；

注：饲料中维生素 K_3 的添加剂有亚硫酸氢钠甲萘醌、亚硫酸氢烟酰胺甲萘醌和二甲基嘧啶醇亚硫酸甲萘醌，与甲萘醌之间的转换系数为：1 mg 的甲萘醌相当于 1.918 2 mg 的亚硫酸氢钠甲萘醌；1 mg 的甲萘醌相当于 2.186 mg 的亚硫酸氢烟酰胺甲萘醌；1 mg 的甲萘醌相当于 2.198 mg 的二甲基嘧啶醇亚硫酸甲萘醌。

测定结果用平行测定的算术平均值表示，计算结果保留 3 位有效数字。

7. 重复性

对于维生素 K_3 含量小于 100 mg/kg 的饲料，在重复性条件下获得的两次独立测定结果与其算术平均值的差值不大于这两个测定值算术平均值的 20%。

对于维生素 K_3 含量在 100～1 000 mg/kg 范围的饲料，在重复性条件下获得的两次独立测定结果与其算术平均值的差值不大于这两个测定值算术平均值的 15%。

对于维生素 K_3 含量大于 1 000 mg/kg 的饲料，在重复性条件下获得的两次独立测定结果与其算术平均值的差值不大于这两个测定值算术平均值的 10%。

第二节 水溶性维生素的检测

一、饲料中维生素 B_1 的测定（GB/T 14700—2018）

（一）荧光分光光度法

1. 原理

试样中的维生素 B_1 经稀酸以及消化酶分解、吸附剂的吸附分离提纯后，在碱性条件下被铁氰化钾氧化生成荧光色素——硫色素，用正丁醇萃取。硫色素在正丁醇中的荧光强度与试样中维生素 B_1 的含量成正比，依此进行定量测定。

2. 试剂或溶液

除特殊注明外，本标准所用试剂均为分析纯，色谱用水应满足 GB/T 6682 中一级水的要求；实验用水应满足 GB/T 6682 中三级水的要求。

（1）盐酸溶液 c（HCl）= 0.1 mol/L。

（2）硫酸溶液 c（1/2 H_2SO_4）= 0.05 mol/L。

（3）乙酸钠溶液 c（CH_3COONa）= 2.0 mol/L。

（4）100 g/L 淀粉酶悬乳液：用乙酸钠溶液悬浮 10 g 淀粉酶制剂，稀释至 100 mL，使用当日制备。

（5）氯化钾溶液：250 g/L。

（6）酸性氯化钾溶液：将 8.5 mL 浓盐酸加入至氯化钾溶液中，并稀释至 1 000 mL。

（7）氢氧化钠溶液：150 g/L。

（8）铁氰化钾溶液：10 g/L。

（9）碱性铁氰化钾溶液：移取 4.00 mL 的铁氰化钾溶液与氢氧化钠溶液混合使之成 100 mL，此液 4 h 内使用。

（10）冰乙酸溶液：30 mL/L。

（11）酸性 20% 乙醇溶液：取 80 mL 水，用盐酸溶液调节 pH 值至 3.5~4.3，与 20 mL 无水乙醇混合。

（12）人造沸石［0.25~0.18 mm（60~80 目）］：使用前应活化，方法如下：将适量人造沸石置于大烧杯中，加入 10 倍容积加热到 60~70℃ 的冰乙酸溶液，用玻璃棒均匀搅动 10 min，使沸石在冰乙酸溶液中悬浮，待沸石沉降后，弃去上层冰乙酸液，重复上述操作 2 次。换用 5 倍容积加热到 60~70℃ 的氯化钾溶液搅动清洗 2 次，每次 15 min。再用热冰乙酸溶液洗 10 min。最后用热水清洗沸石至无氯离子（用 10 g/L 硝酸银水溶液检验）。用布氏漏斗抽滤，105℃ 烘干，贮于磨口瓶可使用 6 个月。

使用前，检查沸石对维生素 B_1 标准溶液的回收率，如达不到 92%，应重新活化沸石。

注：沸石对维生素 B_1 回收率的检查：移取维生素 B_1 标准中间液 2 mL，用酸性氯化钾溶液定容至 100 mL，按照“5. 试验步骤（4）中① ~③”步骤进行氧化，作为外标。另一份维生素 B_1 标准工作液移取 25mL，重复“5. 试验步骤（3）中① ~③”过柱操作，按照“5. 试验步骤（4）中① ~③”步骤进行氧化。同时测定两份溶液荧光强度，依照式 2-8 计算。经换算为百分数就是沸石对维生素 B_1 的回收率值。

（13）维生素 B_1 标准溶液：

① 维生素 B_1 标准贮备液：取硝酸硫胺素标准品（纯度大于 99%），于五氧

化二磷干燥器中干燥 24 h。称取试样 0.01 g（精确至 0.000 1 g），溶解于酸性 20%乙醇溶液中并定容至 100 mL，盛于棕色容量瓶中，2~8℃冰箱保存，可使用 3 个月，该溶液含 0.1 mg/mL 维生素 B_1。

② 维生素 B_1 标准中间液：取维生素 B_1 标准贮备液 10 mL 用酸性 20% 乙醇溶液定容至 100 mL，盛于棕色瓶中，2~8℃冰箱保存，可使用 48 h，该溶液含 10 μg/mL 维生素 B_1。

③ 维生素 B_1 标准工作液：取维生素 B_1 标准中间液 2 mL 与 65 mL 盐酸溶液和 5 mL 乙酸钠溶液混合，定容至 100 mL，分析前制备。该溶液含 0.2 μg/mL 维生素 B_1。

（14）硫酸奎宁溶液：

① 硫酸奎宁贮备液：称取硫酸奎宁 0.1 g（精确至 0.001 g），用硫酸溶液溶解并定容至 1 000 mL。贮于棕色瓶中，冷藏。若溶液浑浊则需要重新配制。

② 硫酸奎宁工作液：取贮备液 3 mL，用硫酸溶液定容至 1 000 mL。贮于棕色瓶中，冷藏。该溶液含 0.3μg/mL 硫酸奎宁。

（15）正丁醇：荧光强度不超过硫酸奎宁工作液的 4%，否则需用全玻璃蒸馏器重蒸馏，取 114~118℃馏分。

3. 仪器设备

（1）实验室常用玻璃器皿。

（2）分析天平：感量 0.000 1 g，0.001 g。

（3）高压釜，使用温度为 121~123℃或压力达到 15 kg/cm^2。

（4）电热恒温箱，45~50℃。

（5）吸附分离柱：全长 235 mm，外径×长度如下：上端贮液槽尺寸为 35 mm×70 mm，容量约为 50 mL；中部吸附管 8 mm×130 mm；下端 35 mm 拉成毛细管。

（6）具塞离心管 25 mL。

（7）荧光分光光度计，备 1 cm 石英比色杯。

（8）注射器：10 mL。

4. 样品

按照 GB/T 14699.1 抽取有代表性的饲料样品，用四分法缩减取样。按 GB/T 20195 制备试样，粉碎过 0.425 mm 孔径筛，充分混匀。

5. 试验步骤

（1）称样：称取原料、配合饲料、浓缩饲料 1~2 g，精确至 0.001 g，置于

100 mL 棕色锥形瓶中。

（2）试样溶液的制备：

① 水解：加入盐酸溶液 65 mL 于锥形瓶中，加塞后置于沸水浴加热 30 min（或于高压釜中加热 30 min），开始加热 5～10 min 内不时摇动锥形瓶，以防结块。

② 酶解：冷却锥形瓶至 50℃以下，加 5 mL 淀粉酶悬浮液，摇匀。该溶液 pH 值为 4.0～4.5，将锥形瓶置于电热恒温箱中 45～50℃保温 3 h，取出冷却，用盐酸溶液调整 pH 值至 3.5，转移至 100 mL 棕色容量瓶中，用水定容至 100 mL，摇匀。

③ 过滤：将全部试液通过无灰滤纸过滤，弃去初滤液 5mL，收集滤液作为试样溶液。

（3）试样溶液的纯化：

① 制备吸附柱：称取 1.5 g 活化人造沸石置于 50mL 小烧杯中，加入 3%冰乙酸溶液浸泡，溶液液面没过沸石即可。将脱脂棉置于吸附分离柱底部，用玻璃棒轻压。然后将乙酸浸泡的沸石全部洗入柱中（勿使吸附柱脱水），过柱流速控制在 1 mL/min 为宜。再用 10 mL 近沸的水洗柱 1 次。

② 吸取 25 mL 试样溶液，慢慢加入制备好的吸附柱中，弃去滤液，用每份 5 mL 近沸的水洗柱 3 次，弃去洗液。同时做平行样。

③ 用 25 mL 60～70℃酸性氯化钾溶液分 3 次连续加入吸附柱，收集洗脱液于 25 mL 容量瓶中，冷却后用酸性氯化钾溶液定容，混匀。

④ 同时用 25 mL 维生素 B_1 标准工作液。重复以上“①～③”操作，作为外标。

（4）氧化与萃取：

警示——以下操作避光进行！

① 于 2 只具塞离心管中各吸入 5 mL 洗脱液，分别标记为 A 管、B 管。

② 在 B 管加入 3 mL 氢氧化钠溶液，再向 A 管中加 3 mL 碱性铁氰化钾溶液，轻轻旋摇。依次立即向 A 管加入 15 mL 正丁醇加塞，剧烈振摇 15 s，再向 B 管加入 15 mL 正丁醇加塞，共同振摇 90 s，静置分层。

③ 用注射器吸去下层水相，向各反应管加入约 2 g 无水硫酸钠，旋摇，待测。

④ 同时将 5 mL 作为外标的洗脱液，置入另 2 只具塞离心管，分别标记为 C 管、D 管，按以上“①～③”操作。

（5）测定：

① 用硫酸奎宁工作液调整荧光仪，使其固定于一定数值，作为仪器工作的固定条件。

② 于激发波长 365 nm，发射波长 135 nm 处测定 A 管、B 管、C 管、D 管中萃取液的荧光强度。

6. 试验数据处理

本方法测定的维生素 B_1 以硝酸硫胺素计，如需要以盐酸硫胺素计，按 1 mg 盐酸硫胺素含 1.03 mg 硝酸硫胺素换算。

试样中维生素 B_1 含量按式 2-8 计算：

$$W_i = \frac{T_1 - T_2}{T_3 - T_4} \times \rho \times \frac{V_2}{V_1} \times \frac{V_0}{m} \qquad \text{式 2-8}$$

式中：

W_i ——试样中维生素 B_1 的含量，单位为毫克每千克（mg/kg）；

T_1 ——A 管试液的荧光强度；

T_2 ——B 管试液空白的荧光强度；

T_3 ——C 管标准溶液的荧光强度；

T_4 ——D 管标准溶液空白的荧光强度；

ρ ——维生素 B_1 标准工作液浓度，单位为微克每毫升（μg/mL）；

V_0 ——提取液总体积，单位为毫升（mL）；

V_1 ——分取溶液过柱的体积，单位为毫升（mL）；

V_2 ——酸性氯化钾洗脱液体积，单位为毫升（mL）；

m ——试样质量，单位为克（g）。

测定结果用平行测定的算术平均值表示，保留 3 位有效数字。

7. 重复性

对于维生素 B_1 含量低于 5 mg/kg 的饲料，在重复性条件下，获得的两次独立测定结果与其算术平均值的差值不大于这两个测定值算术平均值的 15%。

对于维生素 B_1 含量大于 5 mg/kg 而小于 50 mg/kg 的饲料，在重复性条件下，获得的两次独立测定结果与其算术平均值的差值不大于这两个测定值算术平均值的 10%。

对于维生素 B_1 含量大于 50 mg/kg 的饲料，在重复性条件下，获得的两次独立测定结果与其算术平均值的差值不大于这两个测定值算术平均值的 5%。

（二）高效液相色谱法

1. 原理

试样经酸性提取液超声提取后，将过滤离心后的试液注入高效液相色谱仪反相色谱系统中进行分离，用紫外（或二极管矩阵检测器）检测，外标法计算维生素 B_1 的含量。

2. 试剂或溶液

除特殊说明外，所用试剂均分析纯，色谱用水符合 GB/T 6682 中一级用水规定。

（1）氯化铵：优级纯。

（2）庚烷磺酸钠（$PICB_7$）：优级纯。

（3）冰乙酸：优级纯。

（4）三乙胺：色谱纯。

（5）甲醇：色谱纯。

（6）酸性乙醇溶液：20%，制备见“（一）荧光分光光度法”中“2. 试剂或溶液（11）”。

（7）二水合乙二胺四乙酸二钠（EDTA）：优级纯。

（8）维生素预混合饲料提取液：称取 50 mg EDTA 于 1 000 mL 容量瓶中，加入约 1 000 mL 去离子水，同时加入 25 mL 冰乙酸、约 10 mL 三乙胺，超声使固体溶解，调节溶液 pH 值为 3～4，过 0.45 μm 滤膜，取 800 mL 该溶液，与 200 mL 甲醇混合即得。

（9）复合预混合饲料提取液：称取 107 g 氯化铵溶解于 1 000 mL 水中，用 2 mol/L 盐酸调节溶液 pH 值为3～4。取900 mL 氯化铵溶液与100 mL 甲醇混合即得。

（10）流动相：称取庚烷磺酸钠 1.1 g、50 mg EDTA 于 1 000 mL 容量瓶中，加入约 1 000 mL 水，同时加入 25 mL 冰乙酸、约 10 mL 三乙胺，超声使固体溶解，pH 计调节溶液 pH 值为 3.7，过 0.45 μm 滤膜，取 800 mL 该溶液，与 200 mL 甲醇混合即得。

（11）维生素 B_1 标准溶液：

① 维生素 B_1 标准贮备液：制备过程同“（一）荧光分光光度法”中“2. 试剂或溶液（13）①”。

② 维生素 B_1 标准工作液 A：准确吸取 1 mL 维生素 B_1 标准贮备液于 50 mL 棕色容量瓶中，用流动相定容至刻度，该标准工作液浓度为 20 μg/mL，该溶液存于 2～8℃冰箱可以使用 48 h。

③ 维生素 B_1 标准工作液 B：准确吸取 5 mL 维生素 B_1 标准工作液 A 于

50 mL 棕色容量瓶中，用流动相定容至刻度，该标准工作液浓度 2.0 μg/mL，该溶液使用前稀释制备。

3. 仪器设备

（1）实验室常用玻璃器皿。

（2）pH 计（带温控，精准至 0.01）。

（3）超声波提取器。

（4）针头过滤器备 0.45 μm（或 0.2 μm）滤膜。

（5）高效液相色谱仪（HPLC）带紫外或二极管矩阵检测器。

4. 样品

按照 GB/T 14699.1 抽取有代表性的饲料样品，用四分法缩减取样。按 GB/T 20195 制备试样，充分混匀。

5. 试验步骤

警示——避免强光照射！

（1）提取：

① 维生素预混合饲料的提取：称取试样 0.25~0.5 g（精确到 0.000 1 g），置于 100 mL 棕色容量瓶中，加入提取液约 70 mL，边加边摇匀，置于超声水浴中超声提取 15 min，期间摇动 2 次，冷却，用提取液定容至刻度，摇匀。取少量溶液于离心机上 8 000 r/min 离心 5 min，上清液过 0.45 μm 微孔滤膜，上 HPLC 测定。

② 复合预混合饲料的提取：称取试样约 3.0 g（精确到 0.001 g），置于 100 mL 棕色容量瓶中，加入提取液约 70 mL，边加边摇匀后置于超声水浴中超声提取 30 min，期间摇动 2 次，冷却，用提取液定容至刻度，摇匀。取少量溶液于离心机上 8 000 r/min 离心 5 min，上清液过 0.45 μm 微孔滤膜，上 HPLC 测定。

（2）参考色谱条件：

色谱柱：C_{18}柱，长 250 mm，内径 4.6 mm，粒度 5 μm（或相当性能类似的分析柱）；

流动相：“（二）高效液相色谱法”中“2. 试剂或溶液（10）”；

流速：1.0 mL/min；

温度：25~28℃；

检测波长：242 nm；

进样量：20 μL。

（3）定量测定：平衡色谱柱后，依分析物浓度向色谱柱注入相应的维生素 B_1标准工作液 A 或者维生素 B_1 标准工作液 B 和试样溶液，得到色谱峰而积响应值，用外标法定量测定，维生素 B_1 色谱图参见图 2-5、图 2-6。

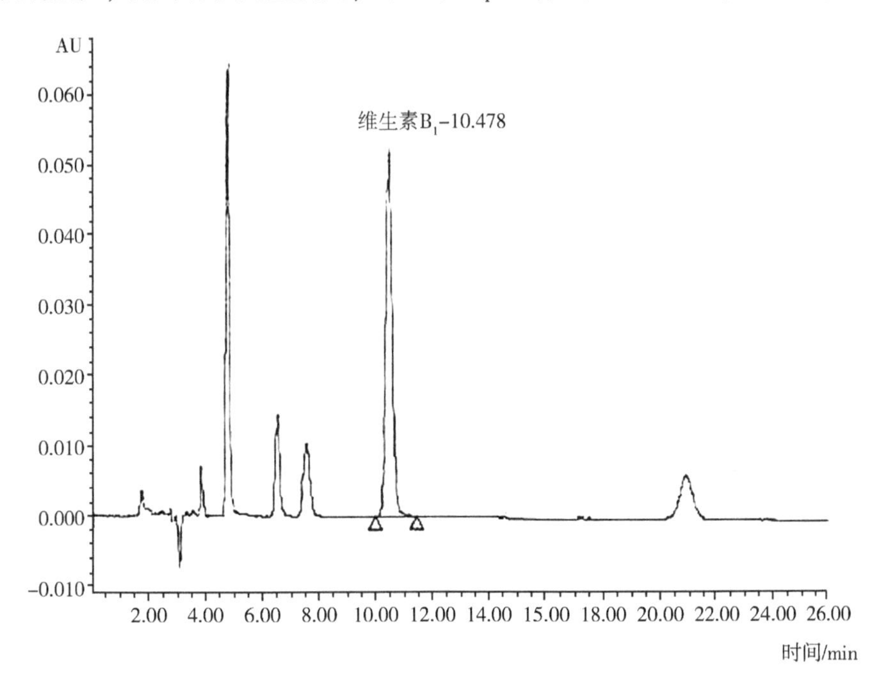

图 2-5 22 μg/mL 维生素 B_1 标准色谱（在 6 种水溶性维生素混合标准品中）

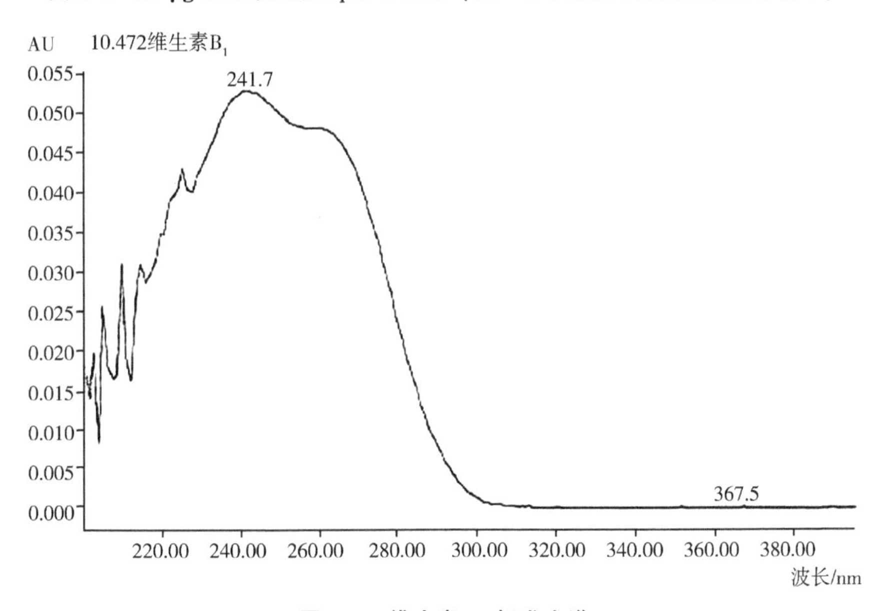

图 2-6 维生素 B_1 标准光谱

6. 试验数据处理

本方法测定的维生素 B_1 以硝酸硫胺素计，如需要以盐酸硫胺素计，按 1 mg 盐酸硫胺素含 1.03 mg 硝胺硫胺素换算。

试样中维生素 B_1 的含量，按式 2-9 计算：

$$\omega = \frac{P_1 \times V \times \rho}{P_2 \times m} \qquad \text{式 2-9}$$

式中：

ω——为维生素 B_1 质量分数，单位为毫克每千克（mg/kg）；

m——试样质量，单位为克（g）；

V——稀释体积，单位为毫升（mL）；

ρ——维生素 B_1 标准工作液浓度，单位为微克每毫升（μg/mL）；

P_1——试样溶液峰面积值；

P_2——维生素 B_1 标准工作液峰面积值。

测定结果用平行测定的算术平均值表示，保留 3 位有效数字。

7. 重复性

对于维生素 B_1 含量低于 5 mg/kg 的饲料，在重复性条件下，获得的两次独立测定结果与其算术平均值的差值不大于这两个测定值算术平均值的 15%。

对于维生素 B_1 含量大于 5 mg/kg 而小于 50 mg/kg 的饲料，在重复性条件下，获得的两次独立测定结果与其算术平均值的差值不大于这两个测定值算术平均值的 10%。

对于维生素 B_1 含量大于 50 mg/kg 的饲料，在重复性条件下，获得的两次独立测定结果与其算术平均值的差值不大于这两个测定值算术平均值的 5%。

二、饲料中维生素 B_2 的测定（GB/T 14701—2019）

（一）荧光分光光度法

1. 原理

维生素 B_2（核黄素）在 440 nm 紫外光激发下产生绿色荧光，在一定浓度范围内其荧光强度与核黄素含量成正比。用连二亚硫酸钠还原核黄素成无荧光物质，由还原前后荧光强度之差与荧光强度的比值算样品中维生素 B_2 的含量。

2. 试剂或溶液

除非另有说明，所用试剂均为分析纯，水为蒸馏水，符合 GB/T 6682 中三级用水或相当纯度的水。

（1）氢氧化钠溶液：0.05 mol/L。

（2）氢氧化钠溶液：1.0 mol/L。

（3）盐酸溶液：0.1 mol/L。

（4）盐酸溶液：1.0 mol/L。

（5）连二亚硫酸钠（$Na_2S_2O_4$）。

（6）高锰酸钾溶液：40 g/L。

（7）冰乙酸。

（8）冰乙酸溶液，0.02 mol/L：将 1.8 mL 冰乙酸用水稀释至 1 000 mL。

（9）过氧化氢溶液，100 mL/L，分析当天制备。

（10）维生素 B_2 标准溶液：

① 维生素 B_2 贮备液Ⅰ：称取在五氧化二磷干燥器里干燥 24 h 的维生素 B_2 标准品（纯度大于 95%）25 mg（精确至 0.000 1 g）于 250 mL 棕色锥形瓶中，加入约 200 mL 冰乙酸溶液，在沸水浴中煮沸直至溶解，冷却后转移至 250 mL 棕色容量瓶中，用冰乙酸溶液稀释至刻度。滴加甲苯覆盖，2~8℃冰箱保存，保存期 6 个月。该溶液含 0.1 mg/mL 维生素 B_2。

维生素 B_2 贮备液Ⅱ：取维生素 B_2 贮备液Ⅰ10 mL 用冰乙酸溶液稀释至 100 mL，置于棕色容量瓶中滴加甲苯覆盖，2~8℃冰箱保存，保存期 3 个月。该溶液中含 10 μg/mL 维生素 B_2。

② 维生素 B_2 标准工作液：取维生素 B_2 贮备液Ⅱ10 mL，用水稀释至 100 mL，分析前制备。该溶液中含 1 μg/mL 维生素 B_2。

（11）荧光素标准溶液：

① 荧光素贮备液：称取荧光素 0.050 g，用水稀释至 1 000 mL，置于棕色瓶中 2~8℃冰箱保存。该溶液中含 50 μg/mL 荧光素。

② 荧光素标准工作液：取 1 mL 荧光素贮备液，用水定容至 1 000 mL，置于棕色瓶中 2~8℃冰箱保存。该溶液中含 0.05 μg/mL 荧光素。

（12）溴甲酚绿 pH 指示剂：取溴甲酚绿 0.1 g，加氢氧化钠溶液 2.8 mL 溶解，再加水稀释至 200 mL。变色范围 pH 值为 3.6~5.2。

3. 仪器设备

（1）分析天平：感量 0.000 1 g。

（2）电热恒温水浴。

（3）具塞玻璃刻度：15 mL。

（4）荧光分光光度计。

4. 试样制备

按 GB/T 14699. 1 的规定，选取具有代表性的样品至少 500 g，用四分法缩减至 100 g；按 GB/T 20195 的规定制备样品，磨碎，通过 0. 425 mm 孔筛，混匀，装入密闭容器中，避光低温保存备用。

5. 试验步骤

（1）试样溶液的制备：称取饲料原料、配合饲料、浓缩饲料 1～2 g（精确至 0. 001 g），置于 100 mL 棕色具塞锥形瓶中，加入 65 mL 盐酸溶液，于沸水浴中煮沸 30 min。在加热开始时，每隔 5～10 min 摇动锥形瓶一次，以防试样结块。冷却至室温后，用氢氧化钠溶液调节 pH 值至 6. 0～6. 5，立即加盐酸溶液使 pH 值调至 4. 5（溴甲酚绿指示剂变为草绿色）。转移至 100 mL 棕色容量瓶中，用水稀释至刻度。通过中速无灰滤纸过滤，弃去最初 5～10 mL 溶液，收集滤液于 100 mL 棕色锥形瓶中。取整份清液，滴加稀盐酸检查蛋白质，如有沉淀生成，继续加氢氧化钠溶液，剧烈振摇使之沉淀完全。再次过滤作为待测试液。

（2）杂质氧化：于 a、b、c 3 支 15 mL 刻度试管中各吸入试样溶液 10 mL，同时做平行，向试管 a 中加入水 1 mL，向试管 b 中加入维生素 B_2 标准工作液 1 mL。然后各加入冰乙酸 1 mL，旋摇混匀后逐个加高锰酸钾溶液 0. 5 mL，旋摇混匀，静置 2 min，再逐个加入过氧化氢溶液 0. 5 mL 旋摇，使高锰酸钾颜色在 10 s 内消退。加盖摇动，使气泡逸出。

（3）测定：用荧光素标准工作液调整荧光仪，使其稳定于一定数值，作为仪器工作的固定条件。调整激发波长 440 nm，发射波长 525 nm，测定试管 a、试管 b 的荧光强度，试样溶液在仪器中受激发照射不超过 10 s；在试管 c 中加入 20 mg 连二亚硫酸钠，摇动溶解，并使试管中的气体逸出，迅速测定其荧光强度作为荧光空白。若溶液出现浑浊，不能读数。

6. 试验数据处理

试样中维生素 B_2 含量 w_i 以质量分数表示，单位为毫克每千克（mg/kg），按式 2-10 计算：

$$w_i = \frac{T_1 - T_3}{T_2 - T_1} \times \frac{m_0}{m} \times \frac{V}{V_1} \times n \qquad \text{式 2-10}$$

式中：

T_1——试管 a（试液加水）的荧光强度；

T_2——试管 b（试液加标样）的荧光强度；

T_3——试管 c（试液加连二亚硫酸钠）的荧光强度；

m_0——加入维生素 B_2 标样的量，单位为微克（μg）；

V ——试液的初始体积，单位为毫升（mL）；

V_1——测试时分取试液的体积，单位为毫升（mL）；

m ——试样质量，单位为克（g）；

n ——稀释倍数；

$\frac{T_1-T_3}{T_2-T_1}$值应在 0.66～1.5，否则需调整样液的浓度，调整称样量或者稀释倍数。

测定结果用平行测定的算术平均值表示，保留 3 位有效数字。

7. 精密度

对于维生素 B_2 含量低于 5 mg/kg 的饲料，在重复性条件下，获得的两次独立测定结果与其算术平均值的差值不大于这两个测定值算术平均值的 15%。

对于维生素 B_2 含量大于 5 mg/kg 而小于 50 mg/kg 的饲料，在重复性条件下，获得的两次独立测定结果与其算术平均值的差值不大于这两个测定值算术平均值的 10%。

对于维生素 B_2 含量大于 50 mg/kg 的饲料，在重复性条件下，获得的两次独立测定结果与其算术平均值的差值不大于这两个测定值算术平均值的 5%。

（二）高效液相色谱法

1. 原理

试样中核黄素经酸性溶液超声提取后，经离心、过滤后的试样溶液注入高效液相色谱仪反相色谱系统中进行分离，用紫外检测器（二极管矩阵检测器）或荧光检测器检测，外标法计算维生素 B_2 的含量。

2. 试剂或溶液

除特殊说明外，所用试剂均为分析纯，水为蒸馏水，色谱用水为去离子水，符合 GB/T 6682 中一级用水规定。

（1）二水合乙二胺四乙酸二钠（EDTA）：优级纯。

（2）庚烷磺酸钠（$PICB_7$）：优级纯。

（3）磷酸二氢钠：优级纯。

（4）冰乙酸：优级纯。

（5）三乙胺：色谱纯。

（6）甲醇：色谱纯。

（7）提取液：在 1 000 mL 容量瓶中，称 50 mg（精确至 0. 001 g）EDTA，加入约 700 mL 去离子水，超声使 EDTA 完全溶解。加入 25 mL 冰乙酸、5 mL 三乙胺，用去离子水定容至刻度摇匀。

（8）磷酸二氢钠溶液：称取 3. 9 g 磷酸二氢钠，溶于 1000 mL 去离子水，过膜备用。

（9）流动相Ⅰ：在 1 000 mL 容量瓶中，称入 50 mg（精确至 0. 001 g）EDTA、1. 1 g（精确至 0. 001 g）庚烷磺酸钠，加入约 700 mL 去离子水，超声使固体全部溶解。加入 25 mL 冰乙酸、5 mL 三乙胺，用去离子水定容至刻度摇匀。用冰乙酸、三乙胺调节该溶液 pH 值至 3. 70±0. 10，过 0. 45 μm 滤膜。取该溶液 800 mL 与 200 mL 甲醇混合，超声脱气，备用。

（10）维生素 B_2 标准溶液：

① 维生素 B_2 标准贮备液：称取在五氧化二磷干燥器里干燥 24 h 的维生素 B_2（纯度大于 95%）10 mg（精确至 0. 000 1 g）于 250 mL 锥形瓶中，加 1 mL 冰乙酸在沸水浴煮沸 30 min，待固体颗粒完全溶解，取出冷却至室温后转移入 250 mL 棕色容量瓶中，用去离子水定容至刻度。此溶液中维生素 B_2 浓度为 50 μg/mL，置于冰箱 2~8℃保存，可使用 6 个月。

② 维生素 B_2 标准工作液：测定维生素预混合饲料样品，可直接使用维生素 B_2 标准贮备液中的标准溶液作为上机标准溶液；测定复合预混合饲料、浓缩饲料样品，应准确吸取 5 mL 维生素 B_2 标准贮备液于 50 mL 棕色容量瓶中，用提取液定容至刻度。该标准工作液中维生素 B_2 浓度为 5 μg/mL，分析前稀释备用。

3. 仪器设备

（1）高效液相色谱仪：带紫外检测器（二极管矩阵检测器）或荧光检测器。

（2）pH 计：带温控，精度 0. 01。

（3）恒温水浴锅：0~100℃。

（4）针头过滤器：备 0. 45 μm 水系滤膜。

4. 试样的制备

按 GB/T 14699. 1 的规定采样，选取有代表性的饲料样品至少 500 g，四分法缩减至 100 g；按 GB/T 20195 的规定制备样品，磨碎，全部通过 0. 425 mm 孔筛，混匀，装入密闭容器中，避光低温保存备用。

5. 试验步骤

以下操作应避免强光照射。

（1）试样溶液的制备：称取维生素预混合饲料试样 0.25~0.50 g（精确至 0.000 1 g）或复合预混合饲料、浓缩饲料 2~3 g（精确至 0.001 g），于 100 mL 棕色锥形瓶中，加入约 70 mL 的提取液于 100℃水浴中煮沸 30~40 min，最初的几分钟里，摇动锥形瓶以防止固体结块。待冷却后，转移至 100 mL 棕色容量瓶中，用提取液定容至刻度，混匀、过滤。对于维生素预混合饲料，需要使用提取液进一步稀释 5~10 倍。

上液相色谱仪测定前，所有试液均需经 0.45 μm 过膜过滤。

（2）测定：

① 高效液相色谱参考条件Ⅰ

色谱柱：C_{18}柱，长 250 mm，内径 4.6 mm，粒度 5 μm，或性能相当的 C_{18}柱；

流动相：见“（二）高效液相色谱法”中“2. 试剂或溶液（19）”；

流速：1.0 mL/min；

柱温：25~28℃；

进样体积：10~20 μL；

检测器：紫外或二极管矩阵检测器；

波长：267 nm。

② 高效液相色谱参考条件Ⅱ

色谱柱：C_{18}柱，长 250 mm，内径 4.6 mm，粒度 5 μm，或性能相当的 C_{18}柱；

流动相：A. 磷酸二氢钠溶液；B. 甲醇，梯度淋洗，见表 2-5；

流速：1.0 mL/min；

柱温：25~28℃；

进样体积：10~20 μL；

检测器：荧光检测器激发波长 440 nm；发射波长 525 nm。

表 2-5　流动相梯度淋洗表

时间/min	A. 磷酸二氢钠/%	B. 甲醇/%
0.00	99.0	1.0
3.00	88.0	12.0
6.50	70.0	30.0
12.00	70.0	30.0
12.10	99.0	1.0
18.00	99.0	1.0

③ 定量测定：色谱柱注入维生素 B_2 标准贮备液或者维生素 B_2 标准工作液和试样溶液，得到色谱峰面积的响应值，用外标法定量测定，维生素 B_2 色谱图参见图 2-7、图 2-8。

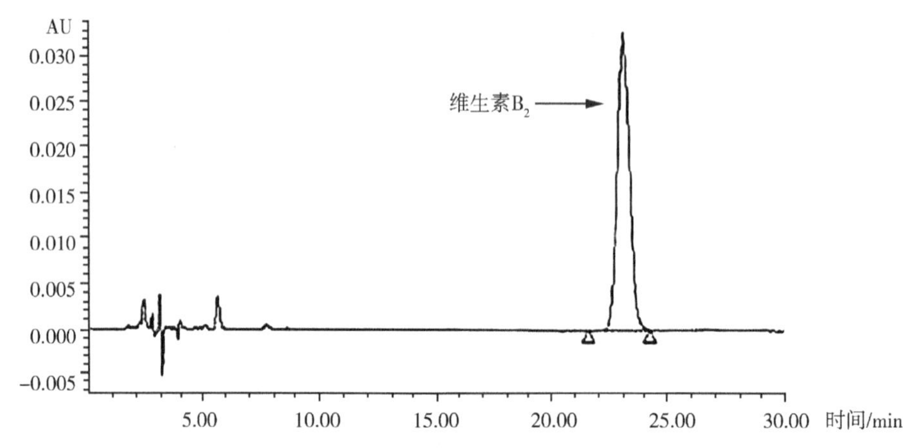

图 2-7 液相色谱—紫外检测色谱条件下维生素 B_2 标准色谱图

（维生素 B_2 浓度为 2 μg/mL）

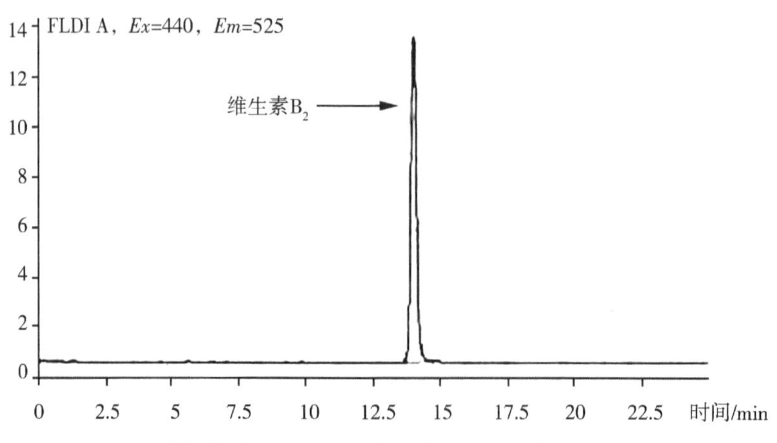

图 2-8 液相色谱—荧光检测色谱条件下维生素 B_2 标准色谱图

（维生素 B_2 浓度为 12 μg/mL）

6. 试验数据处理

试样中维生素 B_2 的含量，以质量分数 ω_i 表示，单位为毫克每千克（mg/kg），按式 2-11 计算：

$$\omega_i = \frac{A_i \times V \times c \times V_{sti}}{A_{sti} \times m \times V_i} \qquad \text{式 2-11}$$

式中：

A_i ——试样溶液峰面积值；

V ——试样稀释体积，单位为毫升（mL）；

c ——标准溶液浓度，单位为微克每毫升（μg/mL）；

V_{sti}——标准溶液进样体积，单位为微升（μL）；

A_{sti}——标准溶液峰面积平均值；

V_i ——试样溶液进样体积，单位为微升（μL）；

m ——试样质量，单位为克（g）。

测定结果用平行测定的算术平均值表示，保留 3 位有效数字。

7. 精密度

对于维生素 B_2 含量大于 5 mg/kg 而小于 1 000 mg/kg 的饲料，在重复性条件下，获得的两次独立测定结果与其算术平均值的差值不大于这两个测定值算术平均值的 10%。

对于维生素 B_2 含量大于 1 000 mg/kg 的饲料，在重复性条件下，获得的两次独立测定结果与其算术平均值的差值不大于这两个测定值算术平均值的 5%。

三、添加剂预混合饲料中维生素 B_6 的测定　高效液相色谱法（GB/T 14702—2018）

1. 原理

试样中维生素 B_6 经酸性提取液超声提取后，注入高效液相色谱仪反相色谱系统中进行分离，用紫外检测器（二极管矩阵检测器）或者荧光检测器检测，外标法计算维生素 B_6 的含量。

2. 试剂或溶液

除特殊说明外，所用试剂均为分析纯，水为蒸馏水，色谱用水为去离子水，符合 GB/T 6682 中一级用水规定。

（1）二水合乙二胺四乙酸二钠（EDTA）：优级纯。

（2）庚烷磺酸钠（$PICB_7$）：优级纯。

（3）冰乙酸：优级纯。

（4）三乙胺：优级纯。

（5）甲醇：色谱纯。

（6）盐酸溶液：取 8.5 mL 盐酸，用水定容至 1 000 mL。

（7）磷酸二氢钠溶液：3.9 g 磷酸二氢钠溶于 1 000 mL 超纯水中，过 0.45 μm 水系滤膜。

（8）提取剂：在 1 000 mL 容量瓶中，称 50 mg（精确至 0.001 g）EDTA、依次加入 700 mL 去离子水，超声使 EDTA 完全溶解。加入 25 mL 冰乙酸、5 mL 三乙胺，用去离子水定容至刻度，摇匀。取该溶液 800 mL 与 200 mL 甲醇混合，超声脱气，待用。

（9）流动相：在 1 000 mL 容量瓶中，称 50 mg（精确至 0.001 g）EDTA、1.1 g（精确至 0.001 g）庚烷磺酸钠，依次加入 700 mL 去离子水，25 mL 冰乙酸、5 mL 三乙胺，用去离子水定容至刻度，摇匀。用冰乙酸、三乙胺调节该溶液 pH 值至 3.70±0.10，过 0.45 μm 滤膜。取该溶液 800 mL 与 200 mL 甲醇混合，超声脱气，备用。

（10）维生素 B_6 标准溶液：

① 维生素 B_6 标准贮备液：准确称取维生素 B_6（维生素 B_6 纯度大于 98%）0.05 g（精确至 0.000 1 g）于 100 mL 棕色容量瓶中，加盐酸溶液约 70 mL，超声 5 min，待全部溶解后，用盐酸溶液定容至刻度。此溶液中维生素 B_6浓度为 500 μg/mL，2~8℃冰箱避光保存，可使用 3 个月。

② 维生素 B_6 标准工作液 A：准确吸取 2.00 mL 维生素 B_6 标准贮备液于 50 mL 棕色容量瓶中，用磷酸二氢钠溶液定容至刻度。该标准工作液中维生素 B_6浓度为 20 μg/mL，2~8℃冰箱避光保存，可使用一周。

③ 维生素 B_6 标准工作液 B：准确吸取 5.00 mL 维生素 B_6 标准工作液 A 于 50 mL 棕色容量瓶中，用磷酸二氢钠溶液定容至刻度。该标准工作液中维生素 B_6 浓度为 2.0 μg/mL，上机测定前制备，可使用 48 h。

3. 仪器设备

（1）高效液相色谱仪：配紫外检测器（二极管矩阵检测）或荧光检测器。

（2）pH 计（带温控，精度 0.01）。

（3）超声波提取器。

（4）针头过滤器：备 0.45μm 水系滤膜。

4. 试样制备

按 GB/T 14699.1 的规定采样，抽取有代表性的饲料样品，用四分法缩减取样。按 GB/T 20195 的规定制备试样，磨碎，通过 0.425 mm 孔筛，混匀，装入密闭容器中，避光低温保存备用。

5. 试验步骤

以下操作应避免强光照射。

（1）试样溶液的制备：称取维生素预混合饲料试样 0.25~0.5 g（精确至 0.000 1 g）；复合预混合饲料试样 2~3 g（精确至 0.000 1 g），于 100 mL 棕色容量瓶中，加入 70 mL 磷酸二氢钠溶液，在超声波提取器中超声提取 20 min（中间旋摇一次以防样品附着于瓶底），待温度降至室温后用提取剂定容至刻度，过滤（若滤液浑浊则需 5 000 r/min 离心 5 min）。溶液过 0.45 μm 滤膜，其中维生素 B_6 浓度为 2.0~100 μg/mL，待上机。

（2）测定：

① 高效液相色谱参考条件Ⅰ

色谱柱：C_{18} 柱，长 250 mm，内径 4.6 mm，粒度 5 μm，或性能相当的 C_{18} 柱；

流动相：见“2. 试剂或溶液（9）”；

流速：1.0 mL/min；

柱温：25~28℃；

进样体积：10~20 μL；

检测器：紫外或二极管矩阵检测器，检测波长 290 nm。

② 高效液相色谱参考条件Ⅱ

色谱柱：C_{18}，长 250 mm，内径 4.6 mm，粒度 5 μm，或性能相当的 C_{18} 柱；

流动相：A. 磷酸二氢钠溶液，B. 甲醇；梯度淋洗程序参见表 2-6；

流速：1.0 mL/min；

柱温：25~28℃；

进样体积：10~20 μL；

检测器：荧光检测器，激发波长 293 nm；发射波长 395 nm。

表 2-6　梯度淋洗程序

时间/min	A. 磷酸二氢钠溶液/%	B. 甲醇/%
0.00	99.0	1.0
3.00	88.0	12.0
6.50	70.0	30.0
12.00	70.0	30.0
12.10	99.0	1.0
18.00	99.0	1.0

③ 定量测定：根据所测样品维生素 B_6 的含量向色谱仪注入工作液 A 或工作液 B 及试样溶液，得到色谱峰面积的响应值，用外标法定量计算。维生素 B_6 荧光检测器色谱图参见图 2-9、图 2-10。

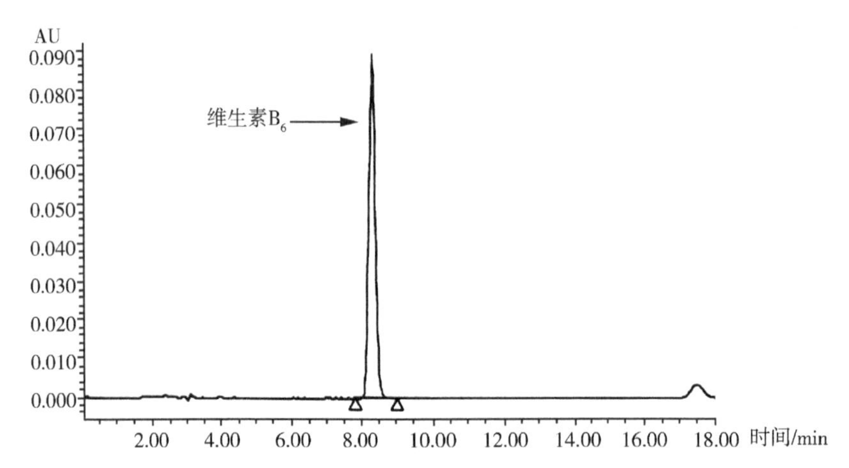

图 2-9　液相色谱—紫外检测器色谱条件下维生素 B_6 标准色谱图

（维生素 B_6 浓度为 10 μg/mL）

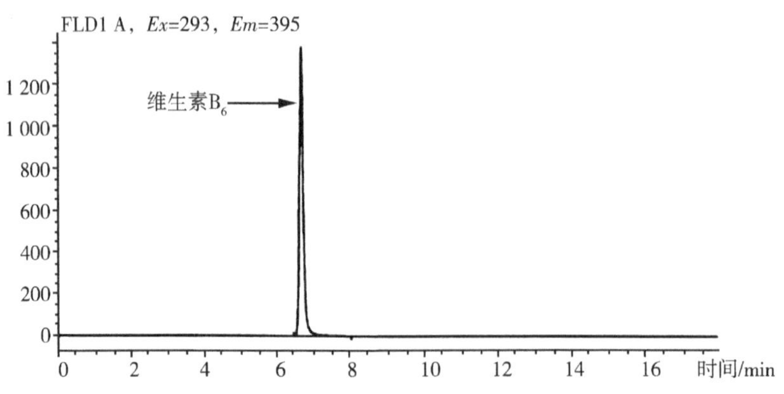

图 2-10　液相色谱—荧光检测器色谱条件下维生素 B_6 标准色谱图

（维生素 B_6 浓度为 18 μg/mL）

6. 试验数据处理

试样中维生素 B_6（盐酸吡哆醇）的含量，以质量分数 w 计，单位以毫克每千克（mg/kg）表示，按式 2-12 计算

$$\omega=\frac{A_i\times V\times c\times V_{sti}}{A_{sti}\times m\times V_i} \qquad \text{式 2-12}$$

式中：

A_i ——试样溶液峰面积值；

V ——试样稀释体积，单位为毫升（mL）；

c ——标准溶液浓度，单位为微克每毫升（μg/mL）；

V_i ——试样溶液进样体积，单位为微升（μL）；

V_{sti}——标准溶液进样体积，单位为微升（μL）；

A_{sti}——标准溶液峰面积平均值；

m ——试样质量，单位为克（g）。

测定结果用平行测定的算术平均值表示，保留3位有效数字。

7. 精密度

对于维生素 B_6 含量大于或者等于500 mg/kg的饲料，在重复性条件下，获得两次独立测定结果与其算术平均值的差值不大于这两个测定值算术平均值的5%。

对于维生素 B_6 含量小于500mg/kg的饲料，在重复性条件下，获得两次独立测定结果与其算术平均值的差值不大于这两个测定值算术平均值的10%。

四、添加剂预混合饲料中维生素 B_{12} 的测定　高效液相色谱法（GB/T 17819—2017）

1. 原理

试样中维生素 B_{12} 用水提取，经SPE净化富集后，采用高效液相色谱仪分离检测，外标法定量。

2. 试剂和溶液

除特殊注明外，本标准所用试剂均为分析纯，色谱用水应满足GB/T 6682中一级水的要求。实验用水应满足GB/T 6682中三级水的要求。

（1）乙腈：色谱纯。

（2）甲醇：色谱纯。

（3）氮气（纯度99.9%）。

（4）乙酸：优级纯。

（5）己烷磺酸钠：色谱级。

（6）维生素 B_{12} 标准品：维生素 B_{12} 含量≥96.0%。

（7）维生素 B_{12} 标准储备溶液：准确称取0.1 g（精确到0.000 1 g）维生素 B_{12} 标准品，置于100 mL棕色容量瓶中，加适量的甲醇使其溶解，并稀释定容至刻度，摇匀。该标准储备液维生素 B_{12} 含量为 1 mg/mL。-18℃保存，有效期一年。

（8）维生素 B_{12} 标准工作液：准确吸取 1 mL 维生素 B_{12} 标准储备溶液于 100 mL 棕色容量瓶中，用水定容稀释至刻度，摇匀。

维生素 B_{12} 标准工作液的浓度按下述方法测定和计算：

以水为空白溶液，用紫外分光光度计测定维生素 B_{12} 标准工作液在 361 nm 处的吸光值。维生素 B_{12} 标准工作液的浓度 X 以微克每毫升（μg/mL）表示，按式 2-13 计算：

$$X = \frac{A \times 10\,000}{207} \quad \text{式 2-13}$$

式中：

A——维生素 B_{12} 标准工作液在 361 nm 波长处测得的吸光值；

10 000——维生素 B_{12} 标准工作液浓度单位换算系数；

207——维生素 B_{12} 标准百分系数（$E_{1cm}^{1\%}=207$）。

也可根据实验需要配置相应浓度的标准工作液。

（9）己烷磺酸钠溶液：称取 1.1 g 己烷磺酸钠溶于 1 000 mL 水中，加入 10 mL 乙酸，超声混匀。

（10）1%磷酸溶液：取 1 mL 磷酸加入 1 000 mL 水中，超声脱气。

3. 仪器和设备

（1）实验室常用仪器、设备。

（2）电子天平：感量 0.001 g。

（3）离心机：可达 5 000 r/min（相对离心力为 2 988 g）。

（4）超声波水浴。

（5）固相萃取装置。

（6）高效液相色谱仪：配紫外可调波长检测器（或二极管矩阵检测器）。

（7）氮吹装置。

（8）紫外分光光度计。

（9）C_{18} 固相萃取小柱：500 mg/6mL 或相当性能的固相萃取小柱。

4. 采样和试验制备

按 GB/T 14699.1 抽取有代表性的饲料样品，用四分法缩减取样。按 GB/T 20195 制备试样，磨碎，全部通过 0.25 mm 孔筛，混匀，装入密闭容器中，避光保存备用。

5. 分析步骤

（1）提取：

① 维生素预混合饲料的提取：称取试样 2～3 g（精确到 0.001 g），置于 50 mL 离心管中，准确加入水 20 mL，充分摇动 30 s，再置于超声水浴中超声提取 30 min，摇动 2 次。于离心机上 5 000 r/min 离心 5 min，取上清液，如果样品溶液为含量大于 10 mg/kg 的维生素预混料，则过 0.45 μm 微孔滤膜，上 HPLC 测定。若测得样品液中维生素 B_{12}浓度小于 2 μg/mL，则需按以下（2）中净化方法处理；若测得样品液中维生素 B_{12}浓度大于 100 μg/mL，应根据检测结果，用一定体积的水稀释，使稀释后维生素 B_{12} 的含量在 2～100 μg/mL，重新测定。

② 复合预混合饲料的提取：称取试样 2～3 g（精确到 0.001 g），置于 50 mL 离心管中，准确加入水 20 mL，充分摇动 30 s，再置于超声水浴中超声提取 30 min，摇动 2 次。于离心机上 5 000 r/min 离心 5 min，取上清液，进行下一步净化。

（2）试样净化：固相萃取小柱分别用 5 mL 甲醇和 5 mL 水活化，准确移取 10 mL 上清液过柱，用 5 mL 水淋洗，近干后，用 5 mL 甲醇洗脱，收集洗脱液。50℃氮气吹至近干，准确加入 1 mL 水溶解，过 0.45 μm 微孔滤膜，上 HPLC 测定。若测得上机试样溶液中维生素 B_{12}浓度超出线性范围，应根据检测结果，用一定体积的水稀释，使稀释后维生素 B_{12}的含量在 1～100 μg/mL，重新测定。

（3）测定：

① 参考色谱条件

氨基柱

色谱柱：氨基柱，长 250 mm，内径 4 mm，粒度 5 μm（或相当性能类似的分析柱）；

流动相：乙腈+1%磷酸水（25+75）；

流速：1.0 mL/min；

温度：室温；

检测波长：361 nm。

C_{18}柱

色谱柱：C_{18}柱，长 150 mm，内径 4.6 mm，粒度 5 μm（或性能类似的分析柱）；

流动相：甲醇+己烷磺酸钠溶液（25+75）；

流速：1.0 mL/min；

温度：室温；

检测波长：546 nm。

② 定量测定：按高效液相色谱仪说明书调整仪器操作参数，向色谱柱注入相应的维生素 B_{12}标准工作液和试样溶液，得到色谱峰面积响应值，用外标法定量测定，维生素 B_{12}标准色谱图参见图 2-11、图 2-12。

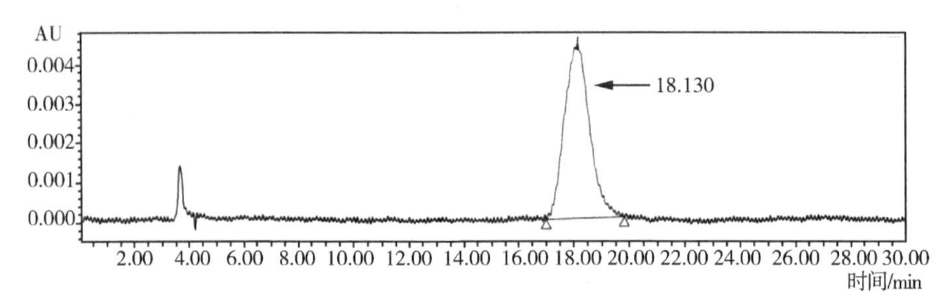

图 2-11　10 μg/mL 维生素 B_{12}标准溶液色谱图（氨基柱）

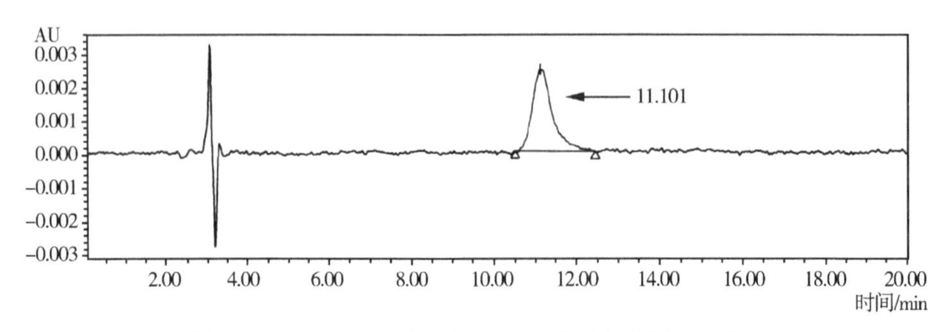

图 2-12　10 μg/mL 维生素 B_{12}标准溶液色谱图（C_{18}柱）

6. 结果计算

试样中维生素 B_{12} 的含量，以质量分数 X 计，数值以毫克每千克（mg/kg）表示，按式 2-14 计算：

$$X = \frac{P_1 \times V \times C}{P_2 \times m} \qquad \text{式 2-14}$$

式中：

P_1——试样溶液峰面积值；

V——稀释体积，单位为毫升（mL）；

C ——维生素 B_{12}标准工作液浓度，单位为微克每毫升（μg/mL）；

P_2——维生素 B_{12}标准工作液峰面积值；

m ——试样质量，单位为克（g）。

测定结果用平行测定的算术平均值表示，保留 3 位有效数字。

7. 重复性

对于维生素 B_{12}含量小于或等于 50 mg/kg 的添加剂预混合饲料，在重复性条件下获得的两次独立测定结果与其算术平均值的差值不大于这两个测定值算术平均值的 15%。

对于维生素 B_{12}含量大于 50 mg/kg 的添加剂预混合饲料，在重复性条件下获得的两次独立测定结果与其算术平均值的差值不大于这两个测定值算术平均值的 10%。

五、预混合饲料中泛酸的测定　高效液相色谱法（GB/T 18397—2014）

1. 原理

试样中的泛酸经乙腈磷酸水溶液提取，离心，过滤，用 C_{18}色谱柱分离，紫外检测器检测，外标法定量。

2. 试剂和溶液

除特殊注明外，本标准所使用试剂均为分析纯，水符合 GB/T 6682 中规定的二级用水。

（1）磷酸：含量≥85%。

（2）乙腈：色谱纯。

（3）0.05%磷酸溶液：将 0.5 mL 磷酸加入容量瓶中，并定容至 1 000 mL。

（4）D-泛酸（或 D-泛酸钙）标准溶液：

① 标准贮备液：准确称取纯度大于 99.0%的 D-泛酸或 D-泛酸钙标准纯品适量于 100 mL 容量瓶中，用流动相溶解，定容，使该标准贮备液的浓度含泛酸为 1 000 μg/mL。此标准溶液在 4℃ 可保存 3 个月。泛酸浓度 = D-泛酸钙的浓度×0.920。

② 标准工作溶液：分别准确吸取标准贮备液 0.5 mL、1.0 mL、2.0 mL、5.0 mL、10.0 mL 于 100 mL 容量瓶中，用流动相定容至刻度，得到浓度分别为 5.0 μg/mL、10.0 μg/mL、20.0 μg/mL、50.0 μg/mL、100.0 μg/mL 的泛酸标准工作液。现用现配。

3. 仪器和设备

（1）分析天平：感量 0.000 1 g。

（2）离心机：转速 3 000 r/min。

（3）摇床。

（4）超声波清洗器。

（5）样品筛：孔径 0.28 mm。

（6）高效液相色谱仪，配有紫外检测器（或二极管矩阵检测器）。

4. 试样的制备

按 GB/T 14699.1 规定，取有代表性饲料样品至少 500 g，四分法缩减至少 100 g，磨碎，过 0.28 mm 孔径样品筛，混匀装入密闭容器中，避光低温保存备用。

5. 分析步骤

（1）提取：称取维生素预混合饲料 0.25～0.5 g，复合预混合饲料 1～2 g，精确至0.000 1 g，置于150 mL具塞锥形瓶中。准确加入50 mL流动相，于超声波水浴提取 15 min，或置于摇床上振摇提取 20 min，静置。取适量溶液 3 000 r/min 离心 5 min，离心后上清液经过 0.45 μm 滤膜过滤，滤液供高效液相色谱仪分析用。

（2）测定：

① 液相色谱参考条件

色谱柱：C_{18}柱，柱长150 mm，内径4.6 mm，粒度5 μm，或具有相同性能的色谱柱；

流动相：将50 mL的乙腈加入950 mL磷酸溶液中混匀；

流速：1.0 mL/min；

进样量：10 μL；

柱温：30℃；

检测器：紫外检测器（或二极管矩阵检测器 PDA）使用波长 200 nm。

② 液相色谱测定：分别取适量的标准工作液和试样溶液，按列出的条件进行液相色谱分析测定。按照保留时间进行定性，以标准工作液作单点或多点校准，并用色谱峰面积定量。待测样液中泛酸的响应值应在标准曲线范围内，超过线性范围则应稀释后再进样分析。泛酸色谱图参见图 2-13。

6. 结果计算与表示

（1）结果计算：试样中泛酸的含量（X），以质量分数表示，按式 2-15

计算：

$$X = \frac{c \times V \times n}{m}$$ 式 2-15

式中：

X——试样中泛酸的含量，单位为毫克每千克（mg/kg）；

c——试样溶液中泛酸的质量浓度，单位为微克每毫升（μg/mL）；

V——提取时加入的流动相总体积，单位为毫升（mL）；

m——试样质量，单位为克（g）；

n——稀释倍数。

（2）结果表示：测定结果用平行测定的算术平均值表示，计算结果保留 3 位有效数字。

7. 重复性

在重复性条件下获得的两次独立测试结果的相对偏差不大于 10%。

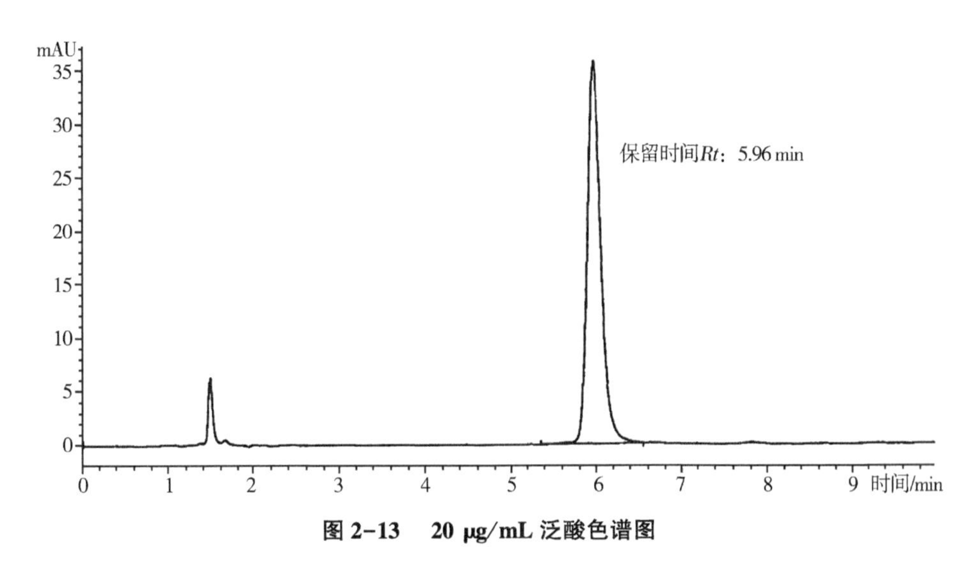

图 2-13　20 μg/mL 泛酸色谱图

六、添加剂预混合饲料中烟酸与叶酸的测定　高效液相色谱法（GB/T 17813—2018）

（一）烟酸的测定

1. 原理

试样中烟酸用酸性甲醇水溶液提取，采用高效液相色谱仪分离，紫外检测，外标法定量。

2. 试剂或溶液

除特殊注明外，本标准所用试剂均为分析纯，水符合 GB/T 6682 中一级水的规定。

（1）冰乙酸：优级纯。

（2）庚烷磺酸钠：色谱纯。

（3）三乙胺：优级纯。

（4）甲醇：色谱纯。

（5）0. 1%三氟乙酸溶液：移取 1 mL 三氟乙酸于 1 000 mL 水中。

（6）提取液：称取 50 mg 二水合乙二胺四乙酸二钠（以下简称 EDTA）溶于约 800 mL 水中，加入 20 mL 冰乙酸、5 mL 三乙胺，混匀后与 200 mL 甲醇混合，该溶液 pH 值为 3~4。

（7）流动相：称取 1. 1 g 庚烷磺酸钠、50 mg EDTA 溶于约 1 000 mL 水中，加入 20 mL 冰乙酸、5 mL 三乙胺，混匀，用冰乙酸、三乙胺调节溶液 pH 值为 4. 0，过 0. 45 μm 滤膜。取上述溶液 800 mL 与 200 mL 甲醇混合，备用。

（8）烟酸标准品：烟酸含量≥98. 0%。

（9）烟酸标准储备溶液：准确称取 0. 1 g（精确到 0. 000 1 g）烟酸标准品，置于 100 mL 棕色容量瓶中，加水使其溶解，并加入 1 mL 0. 1%三氟乙酸溶液，用水定容至刻度，摇匀。该标准储备液中烟酸含量约为 1 mg/mL，2~8℃保存，有效期为 6 个月。

（10）烟酸标准工作液：根据试样种类（维生素预混合饲料、复合预混合饲料）调整稀释倍数，使标准工作液浓度在 10~150 μg/mL，用提取液稀释定容。当日制备并使用。

3. 仪器设备

（1）天平：感量 0. 000 1 g、感量 0. 001 g。

（2）离心机：转速不低于 8 000 r/min（相对离心力不低于 6 010 g）。

（3）超声波水浴。

（4）高效液相色谱仪：配紫外可调波长检测器（或二极管矩阵检测器）。

4. 样品

按 GB/T 14699. 1 规定，抽取有代表性饲料样品，用四分法缩减取样。按 GB/T 20195 制备试样，粉碎过 0. 425 mm 孔径筛，充分混匀，储存在密闭容器中，避光保存。

5. 试验步骤

（1）试样的提取：

① 维生素预混合饲料的提取：称取试样 0.5 g（精确到 0.001 g），置于 100 mL 棕色容量瓶中，加入提取液约 70 mL，边加边摇匀后置于超声水浴中超声提取 15 min，摇动 2 次，待冷却后用提取液定容至刻度，摇匀。取约 25 mL 上述溶液于离心机 8 000 r/min 离心 5 min，取上清液用提取液稀释 10 倍后过 0.45 μm 微孔滤膜，上机测定。

② 复合预混合饲料的提取：称取试样约 1 g（精确到 0.001 g），置于 100 mL 棕色容量瓶中，加入 1 g EDTA 钠盐，边摇动边加入提取液约 70 mL，置于超声水浴中超声提取 15 min，摇动 2 次，待冷却后用提取液定容至刻度，摇匀。取适量溶液于离心机 8 000 r/min 离心 5 min 或过滤，取上清液过 0.45 μm 微孔滤膜，上机测定。

（2）参考色谱条件：

色谱柱：C_{18}柱，柱长 250 mm，内径 4.6 mm，粒度 5 μm，或性能相当者；

流动相：见“2. 试剂或溶液（7）”；

流速：1.0 mL/min；

温度：室温；

检测波长：262 nm；

进样量：20 μL。

（3）测定：取烟酸标准工作液和试样溶液分别进样，得到色谱峰面积响应值，在线性范围内，用外标法单点校正，测定，以保留时间定性，峰面积定量。烟酸标准色谱图参见图 2-14。

6. 试验数据处理

试样中烟酸的含量以质量分数 ω 计，数值以毫克每千克（mg/kg）表示，按式 2-16 计算：

$$\omega = \frac{P_i \times V \times c \times V_{st}}{P_{st} \times m \times V_i} \qquad \text{式 2-16}$$

式中：

P_i ——试样溶液峰面积值；

V ——试样稀释体积，单位为毫升（mL）；

c ——烟酸标准溶液浓度，单位为微克每毫升（μg/mL）；

V_i —— 试样溶液进样体积，单位为微升（μL）；

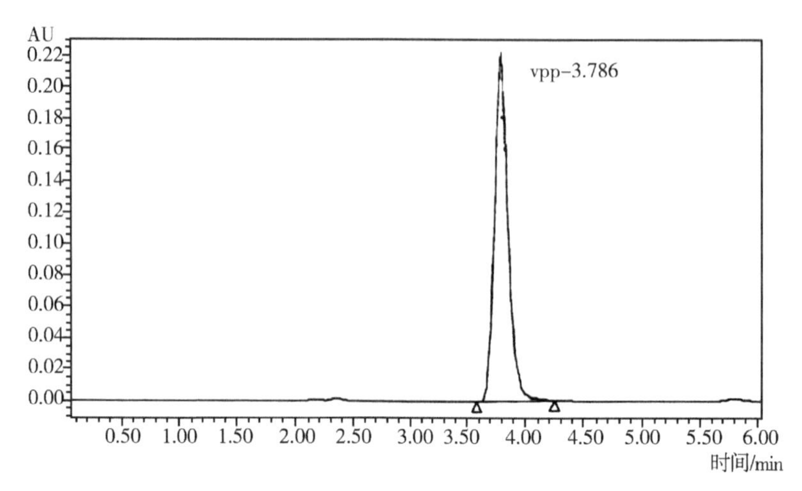

图 2-14　烟酸标准溶液（15 μg/mL）色谱图

V_{st}——烟酸标准溶液进样体积，单位为微升（μL）；

P_{st}——烟酸标准溶液峰面积平均值；

m ——试样质量，单位为克（g）。

测定结果用平行测定的算术平均值表示，保留 3 位有效数字。

7. 精密度

对于烟酸含量小于或等于 500 mg/kg 的添加剂预混合饲料，在重复性条件下获得的两次独立测定结果与其算术平均值的差值不大于这两个测定值算术平均值的 10%。

对于烟酸含量大于 500 mg/kg 的添加剂预混合饲料，在重复性条件下获得的两次独立测定结果与其算术平均值的差值不大于这两个测定值算术平均值的 5%。

（二）叶酸的测定

1. 原理

试样中叶酸用弱碱液提取，采用高效液相色谱仪分离检测，紫外检测，外标法定量。

2. 试剂或溶液

（1）0. 1mol/L 碳酸钠溶液：称取 5. 3 g 无水碳酸钠，溶解于 500 mL 水中。

（2）2 mol/L 碳酸钠溶液：称取 106 g 无水碳酸钠，溶解于 500 mL 水中。

（3）饱和 EDTA 溶液：称取 120 g EDTA 于 1 000 mL 烧杯中，加水 1 000 mL，搅拌并超声溶解 1 h，即得。

（4）复合预混合饲料提取液：饱和 EDTA 溶液 + 2 mol/L 碳酸钠溶液 = 80+

25，pH 值=9。

（5）叶酸标准品：叶酸含量≥95.0%。

（6）叶酸标准储备液：准确称取 0.05 g（精确至 0.000 1 g）叶酸标准品，置于 100 mL 棕色容量瓶中，加入 0.1 mol/L 碳酸钠溶液，超声使其溶解，稀释定容至刻度，摇匀。该标准储备液中叶酸含量为 500 μg/mL，2~8℃保存，有效期 6 个月。

（7）叶酸标准工作液：根据样品种类（维生素预混合饲料、复合预混合饲料）调整稀释倍数，使标准工作液中叶酸浓度为 5.0~10.0 μg/mL，用 0.1 mol/L 碳酸钠溶液稀释定容。当日制备并使用。

3. 仪器设备

同“（一）烟酸的测定”中“3. 仪器设备”。

4. 样品

同“（一）烟酸的测定”中“4. 样品”。

5. 试验步骤

（1）试样的提取：

① 维生素预混料的提取：称取试样 0.25~0.5 g（精确到 0.001 g），置于 100 mL 棕色容量瓶中，加入约 70 mL 水，4 mL 2 mol/L 碳酸钠溶液，置于超声水浴中超声提取 10 min，摇动 2 次，待冷却后加水至约 95 mL，再次检查试样溶液 pH 值，确认 pH 值为 8~9，否则滴加少量碳酸钠溶液调节，用水定容至刻度，摇匀。取部分试液于离心机上 8 000 r/min 离心 5 min，取上清液过 0.45 μm 微孔滤膜，待上机测定。

② 复合预混料的提取：称取试样 1 g（精确到 0.001 g），置于 100 mL 棕色容量瓶中，加入提取液约 80 mL，置于超声水浴中超声提取 10 min，摇动 2 次，待冷却后用提取液定容至刻度，摇匀。取少量试液于离心机上 8 000 r/min 离心 5 min，取上清液过 0.45 μm 微孔滤膜，待上机测定。

（2）参考色谱条件：

色谱柱：C_{18}柱，长 250 mm，内径 4.6 mm，粒度 5 μm，或性能相当者；

流动相：“（一）烟酸的测定”中“2. 试剂或溶液（7）”；

流速：1.0 mL/min；

温度：室温；

检测波长：282 nm；

进样量：20 μL。

（3）定量测定：按方法规定平衡色谱柱，向色谱柱注入相应的叶酸标准工作液和试样溶液，得到色谱峰面积响应值，在线性范围内，用外标法单点校正，定量测定，叶酸标准色谱图参见图 2-15。

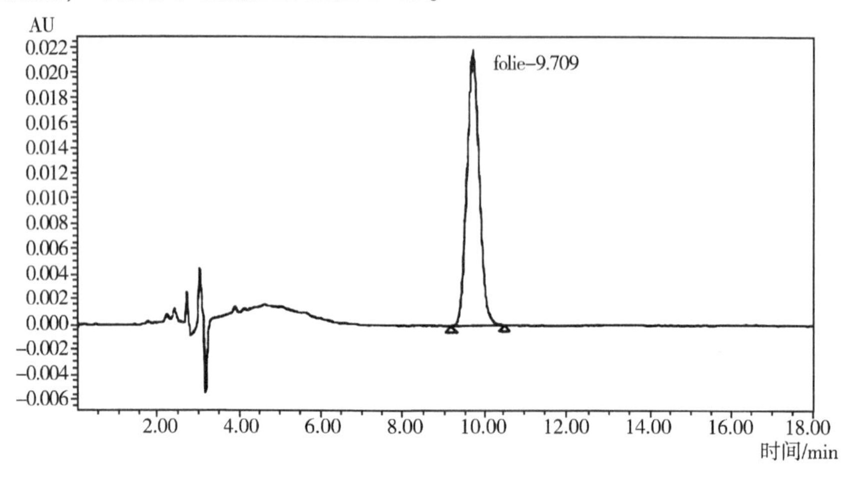

图 2-15　叶酸标准溶液（6 μg/mL）色谱图

6. 试验数据处理

试样中叶酸的含量，以质量分数 ω 计，数值以毫克每千克（mg/kg）表示，按式 2-17 计算：

$$\omega = \frac{P_i \times V \times c \times V_{st}}{P_{st} \times m \times V_i} \qquad \text{式 2-17}$$

式中：

P_i——试样溶液峰面积值；

V——试样稀释体积，单位为毫升（mL）；

c——叶酸标准溶液浓度，单位为微克每毫升（μg/mL）；

V_i——试样溶液进样体积，单位为微升（μL）；

V_{st}——叶酸标准溶液进样体积，单位为微升（μL）；

P_{st}——叶酸标准溶液峰面积平均值；

m——试样质量，单位为克（g）。

测定结果用平行测定的算术平均值表示，保留 3 位有效数字。

7. 精密度

在重复性条件下获得的两次独立测定结果与其算术平均值的差值不大于这两个测定值算术平均值的 10%。

七、饲料中烟酰胺的测定 高效液相色谱法（NY/T 2130—2012）

1. 原理

试样中的烟酰胺经提取液提取、离心后，取上清液过 0.45 μm 滤膜，用高效液相色谱仪—紫外/二极管阵列检测器检测，外标法定量。

2. 试剂和材料

除非另有规定，仅使用分析纯试剂和符合 GB/T 6682 中的三级用水，色谱用水符合 GB/T 6682 中一级用水的规定。

（1）甲醇：色谱纯。

（2）异丙醇：色谱纯。

（3）辛烷磺酸钠：色谱纯。

（4）0.1%辛烷磺酸钠（pH 值=2.1）：称取 1 g 辛烷磺酸钠加约 800 mL 一级水溶解，用高氯酸调 pH 值=2.1，一级水定容至 1 000 mL，混匀，过 0.45 μm 滤膜。

（5）样品提取液：800 mL 水中加入 50 mL 乙腈，10 mL 冰乙酸混合，用水定容至 1 000 mL，混匀。

（6）烟酰胺标准储备液：称取烟酰胺标准品（纯度≥98%）0.1 g（精确至 0.000 1 g），置于 100 mL 容量瓶中，用提取液溶解并定容，该溶液浓度为 1mg/mL，置 4℃冰箱中保存，有效期 3 个月。

（7）烟酰胺标准中间液：准确吸取 5.0 mL 烟酰胺标准储备液于 100 mL 容量瓶中，用提取液稀释至 100 mL。该溶液浓度为 50 μg/mL，置 4℃冰箱中保存，有效期 1 个月。

（8）烟酰胺标准工作液：准确移取 10.0 mL 烟酰胺标准中间液至 100 mL 容量瓶中，用提取液稀释定容。该系列标准溶液浓度为 5.0 μg/mL。有效期 1 周。

（9）0.45 μm 有机微孔滤膜。

3. 仪器设备

实验室常用仪器、设备及以下设备。

（1）高效液相色谱仪：配备紫外或二极管阵列检测器。

（2）离心机：转速为 5 000 r/min 以上。

（3）超声波清洗器。

4. 试样采集及样品的制备

按 GB/T 14699.1 的规定采集试样后，按 GB/T 20195 的规定，选取具有代表性的样品，四分法缩减分取 200 g，粉碎过 0. 45 mm 孔径（40 目）的分析筛，混匀，装入磨口瓶中备用。

5. 分析步骤

（1）提取：准确称取适量试样（配合饲料 5 g，浓缩饲料 2 g，添加剂预混合饲料 0. 5 g，精确到 0. 000 1 g），置 100 mL 容量瓶中，加入提取液约 70 mL，超声振荡 10 min，放置室温，用提取液定容至刻度混合均匀，然后在 5 000 r/min 离心机上离心 5 min，移取上清液过 0. 45 μm 滤膜过滤，供高效液相色谱测定或提取液适当稀释后测定。

（2）色谱参考条件：

检测波长：267 nm；

色谱柱：C_{18} 柱，5 μm，柱长 150 mm，内径 4. 6 mm，或性能类似的色谱柱；

流动相：0. 1%辛烷磺酸钠 pH 值=2. 1：甲醇：异丙醇=91：7：2；

流速：1. 0 mL/min；

柱温：25℃；

进样量：20 μL。

（3）HPLC 测定：取适量标准工作液和试样制备液测定，以色谱峰保留时间定性，以色谱峰面积积分值进行单点或多点校准定量。烟酰胺标准色谱图参见图 2-16。

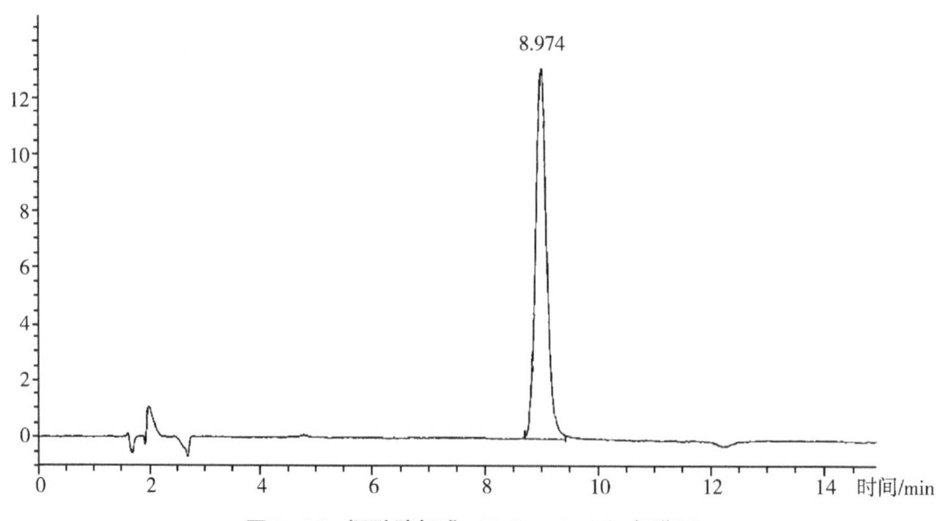

图 2-16　烟酰胺标准（5. 0 μg/mL）色谱图

6. 结果计算及表示

（1）结果计算：饲料中烟酰胺的含量 X_1，以毫克每千克（mg/kg）表示，做单点校正按式 2-18 计算：

$$X_1 = \frac{P_0 \times C_s \times V}{P_s \times m} \qquad \text{式 2-18}$$

式中：

P_0——试样溶液峰面积值；

C_s——标准溶液浓度，单位为微克每毫升（μg/mL）；

V——试样总稀释体积，单位为毫升（mL）；

P_s——标准溶液峰面积值；

m——试样的质量，单位为克（g）。

（2）结果表示：测定结果用平行测定的算术平均值表示，计算结果保留 3 位有效数字。

7. 重复性

在同一实验室，由同一操作人员完成的两次平行测定结果的相对偏差不大于 10%。

八、预混合饲料中 d-生物素的测定（GB/T 17778—2005）

（一）分光光度法

1. 原理

用乙醇水溶液将试样中 d-生物素提取出来，在硫酸乙醇溶液中 d-生物素和 4-二甲氨基肉桂醛生成橙色化合物，在一定范围内颜色深浅与 d-生物素含量成正比。

2. 试剂和材料

除非另有说明，在分析中仅使用确认为分析纯的试剂。水符合 GB/T 6682 三级水的规定。

（1）无水乙醇。

（2）乙醇溶液：将 90 体积的乙醇与 10 体积的水混匀。

（3）硫酸—乙醇溶液：将 2 体积的硫酸与 98 体积的无水乙醇混匀。

（4）4-二甲氨基肉桂醛无水乙醇溶液：2 g/L。

（5）d-生物素标准溶液：

① 标准储备液：准确称取 0. 100 0 g d-生物素标准品溶解于乙醇溶液中，

定量转入 100 mL 容量瓶中，用乙醇水溶液稀释至刻度，混匀。此液 1.00 mL 含 d-生物素 1.00 mg。

② 标准工作液：准确移取 d-生物素标准储备溶液 1.00 mL 于 50 mL 容量瓶中，加乙醇溶液稀释至刻度，混匀。此液 1.00 mL 含 d-生物素 20.0 μg。

3. 仪器与设备

（1）分光光度计（有一阶导数功能）。

（2）实验室用超声波提取器。

（3）分析天平：感量 0.000 1 g。

4. 试样的制备

按 GB/T 14699.1 规定方法采样，选取饲料样品至少 500 g，四分法缩减至 100 g，磨碎，通过 0.42 mm 孔筛，混匀，装入密闭容器中，保存备用。

5. 分析步骤

（1）试样溶液的提取：称取维生素预混料约 2 g（精确至 0.000 1 g）、复合预混料约 5~10 g（精确至 0.000 1 g），置于磨口平底烧瓶中，加入 5.00 mL 水置超声波提取器中超声 20 min 后，再加入 20 mL 无水乙醇超声 20 min，然后转移到 50 mL 容量瓶中，用无水乙醇稀释至刻度。过滤，弃去开始的 10 mL，余下作为试样提取液。

（2）测定：

① 标准工作曲线的绘制：精确吸取 d-生物素标准工作溶液 0 mL、1.00 mL、2.00 mL、5.00 mL、10.00 mL 于 25 mL 容量瓶中，分别加入乙醇水溶液 10.00 mL、9.00 mL、8.00 mL、5.00 mL、0 mL，加入硫酸—乙醇溶液 1 mL 和4-二甲氨基肉桂醛无水乙醇溶液 2 mL，摇匀，室温下放置 1 h，用无水乙醇稀释至刻度。用 1.0 cm 比色皿在 500~580 nm 处，用分光光度计扫描吸光度的一阶导数，绘制 d-生物素含量与 520nm 和 546 nm 处吸光度的一阶导数的峰差值的标准工作曲线。

② 精确吸取试样提取液 10.00 mL 于 25 mL 容量瓶中，加入硫酸—乙醇溶液 1 mL 和 4-二甲氨基肉桂醛无水乙醇溶液 2 mL，摇匀，室温下放置 1 h，用无水乙醇稀释至刻度。用 1.0 cm 比色皿在 500~580 nm 处，用分光光度计测定 520 nm和 546 nm 处吸光度的一阶导数的峰差值，在标准工作曲线上查得试样提取液中 d-生物素的含量。

6. 分析结果的计算和表述

（1）试样中 d-生物素的含量按式 2-19 计算。

$$X=\frac{m_1\times V_2}{m_2\times V_1}$$ 式 2-19

式中：

X ——试样中 d-生物素的含量，单位为毫克每千克（mg/kg）；

m_1——标准曲线上查得测定试样提取液中 d-生物素的质量，单位为微克（μg）；

m_2——试样质量，单位为克（g）；

V_1——试样测定时吸取试样提取液体积，单位为毫升（mL）；

V_2——试样提取液总体积，单位为毫升（mL）。

（2）每个试样取两份试料进行平行测定，以其算术平均值为测定结果，保留 3 位有效数字。

7. 精密度

（1）重复性：在重复性条件下获得的两次独立测试结果的相对偏差规定如表 2-7，以大于规定的相对偏差的情况不超过 5%为前提。

表 2-7　两次独立测试结果的相对偏差

d-生物素含量/（mg/kg）	相对偏差/%
≥100	20
<100	30

（2）再现性：在再现性条件下获得的两次独立测试结果的测定值的绝对差值不大于表 2-8 中所示的值，以大于表 2-8 中绝对差值的情况不超过 5%为前提。

表 2-8　两次独立测试结果的测定值的绝对差值

d-生物素含量/（mg/kg）	相对偏差/%
≥100	±40
<100	±60

（二）高效液相色谱法（仲裁法）

1. 原理

试样中的 d-生物素用水提取后，将过滤离心后的试样溶液注入高效液相色谱仪中进行分离，用紫外检测器测定，外标法计算 d-生物素的含量。

2. 试剂和材料

除非另有说明，本法所用试剂均为分析纯，水为蒸馏水，色谱用水为去离子水，符合 GB/T 6682 中一级用水规定。

（1）二乙三胺五乙酸（DTPA）。

（2）三氟乙酸溶液，0.05%（体积分数），用氢氧化钠溶液［c(NaOH) = 5 mol/L］调节 pH 值至 2.5。

（3）d-生物素标准溶液：

① d-生物素标准储备溶液：准确称取 0.100 0 g d-生物素溶解于水中，定量转入 100 mL 容量瓶中，用水稀释至刻度。此液 1.00 mL 含 d-生物素 1.00 mg。

② d-生物素标准工作溶液：准确量取 d-生物素标准储备溶液 1.00 mL 于 50 mL 容量瓶中，用水稀释至刻度。此液 1.00 mL 含 d-生物素 20.0 μg。

3. 仪器、设备

（1）实验室用超声波提取器。

（2）高效液相色谱仪，配有紫外或二极管矩阵检测器。

4. 试样制备

同“（一）分光光度法”中“4. 试样的制备”。

5. 分析步骤

（1）试样溶液的提取：称取维生素预混合饲料约 2 g（精确至 0.000 1 g）、复合预混合饲料约 5 g（精确至 0.000 1 g），置于 100 mL 容量瓶中（若预混合饲料中含有矿物质，加入 0.1 g DTPA），加入 2/3 体积的蒸馏水，在超声波提取器中超声提取 20 min，冷却后用水定容至刻度，过滤，滤液过 0.45 μm 滤膜，待上机。

（2）测定：

① 高效液相色谱条件

色谱柱：长 250 mm，内径 4.6 mm，粒度 5 μm 的 C_{18}柱；

流动相：850 mL 三氟乙酸溶液加 150 mL 乙腈（色谱纯）；

流动相流速：1.0 mL/min；

进样体积：20 μL；

检测器：紫外或二极管矩阵检测器，使用波长 210 nm。

② 定量测定：按高效液相色谱仪说明书调整仪器操作参数。向色谱柱注入标准工作液及试样提取液，得到色谱峰面积的响应值，取标准溶液峰面积的平

均值定量计算。标准工作液应在分析始末分别进样，样品多时，分析中间应插入标准工作液校正出峰时间。

6. 分析结果的计算和表述

（1）试样中 d-生物素的含量按式 2-20 计算：

$$X = \frac{S_i \times V \times c_0 \times V_0}{S_0 \times V_i \times m} \qquad 式 2-20$$

式中：

X——试样中 d-生物素的含量，单位为毫克每千克（mg/kg）；

m——试样质量，单位为克（g）；

S_0——标准工作液峰面积；

S_i——试样提取液峰面积；

c_0——标准工作液浓度，单位为微克每毫升（μg/mL）；

V_0——标准工作液进样体积，单位为微升（μL）；

V_i——试样提取液进样体积，单位为微升（μL）；

V——试样提取液总体积，单位为毫升（mL）。

（2）每个试样取两份试料进行平行测定，以其算术平均值为测定结果，保留 3 位有效数字。

7. 精密度

（1）重复性：在重复性条件下获得的两次独立测试结果的相对偏差规定如表 2-9，以大于规定的相对偏差的情况不超过 5%为前提。

表 2-9 两次独立测试结果的相对偏差

d-生物素含量/（mg/kg）	相对偏差/%
≥100	20
<100	30

（2）再现性：在再现性条件下获得的两次独立测试结果的测定值的绝对差值不大于表 2-10 中所示的值，以大于表 2-10 中绝对差值的情况不超过 5%为前提。

表 2-10 两次独立测试结果的测定值的绝对差值

d-生物素含量/（mg/kg）	相对偏差/%
≥100	±40
<100	±60

九、预混料中氯化胆碱的测定（GB/T 17481—2008）

（一）离子色谱检验方法（仲裁法）

1. 原理

用纯水提取样品中氯化胆碱，采用阳离子交换色谱电导检测器检测，外标法定量。

2. 试剂和材料

除非另有说明，在分析中仅使用确认为分析纯的试剂。

（1）水：GB/T 6682，一级。

（2）丙酮：色谱纯。

（3）嘧啶二羧酸（$C_7H_5NO_4$）。

（4）流动相：0.600 0 g 柠檬酸+0.125 0 g 嘧啶二羧酸加水 300 mL，加热溶解，冷却后加入 150 mL 丙酮定容至 1 000 mL 容量瓶中。

（5）氯化胆碱标准溶液：

① 氯化胆碱标准贮备溶液：精确称取氯化胆碱标准品（含量≥99.5%）0.100 5 g，置于 100 mL 容量瓶中，用水溶解，稀释至刻度，摇匀，其浓度为 1 000 μg/mL，保存在 4℃冰箱中，有效期为一个月。

② 氯化胆碱标准工作溶液：分别准确移取一定量氯化胆碱贮备液，用水稀释成浓度为 25.0 μg/mL 的标准工作液，以上溶液应当日配制和使用。

3. 仪器与设备

（1）恒温水浴锅。

（2）振荡器：往复式。

（3）色谱仪：具弱酸型阳离子交换柱配电导检测器。

（4）实验室常用玻璃器皿。

4. 试样的制备

按 GB/T 14699.1 采样，按 GB/T 20195 制备试样，磨碎，通过 0.42 mm 孔筛，混匀，装入密闭容器中，避光低温保存备用。

5. 分析步骤

（1）试液制备：

① 准确称取 2 g 试样（含氯化胆碱 0.01～0.2 g），精确至 0.000 1 g，于 100 mL 容量瓶中，加约 60 mL 水，摇匀，在 70℃水浴锅中加热 20 min，在往复振荡器上振荡 10 min，冷却至室温，用水稀释至刻度，摇匀，干过滤，滤

液备用。

② 吸取 5.0 mL 滤液置于 100 mL 容量瓶中，摇匀，用水稀释至刻度。过 0.45 μm 滤膜，上机测定。

（2）测定：

① 色谱分析条件：推荐的色谱操作条件见表 2-11，典型离子色谱图见图 2-17。

表 2-11　推荐的色谱操作条件

项目	条件
色谱柱	柱长 150 mm×内径 4 mm，粒径 4 mm，阳离子交换柱（Na^+形式）
流动相	见 2. 试剂和材料（4）
流动相流速/（mL/min）	1.0
柱温	常温

注：方法中所列色谱柱和流动相仅提供可参考的选择，同等性能色谱柱和流动相均可使用。

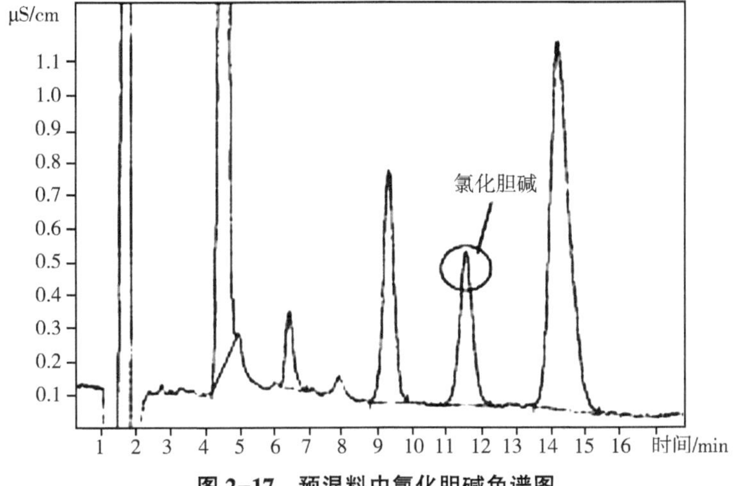

图 2-17　预混料中氯化胆碱色谱图

② 测定：向离子色谱分析仪连续注入氯化胆碱标准工作溶液，直至得到基线平稳，峰形对称且峰面积能够重现的色谱峰。

氯化胆碱标准溶液与相邻的离子分离度大于 1.5。

依次注入标准溶液、试样溶液，积分得到峰面积，用标准系列溶液进行单点或多点校准。

6. 结果计算

（1）试样中氯化胆碱 X 以质量分数计，数值以克每千克（g/kg）表示，按式 2-21 计算：

$$X = \frac{P \times n \times c \times V}{P_0 \times m \times 1\,000} \quad \text{式 2-21}$$

式中：

X——试样中氯化胆碱的含量，单位为克每千克（g/kg）；

P——试样峰面积值；

n——稀释倍数；

c——标准工作液中氯化胆碱浓度，单位为微克每毫升（μg/mL）；

V——试样体积，单位为毫升（mL）；

P_0——标准工作液峰面积值；

m——称取试样的质量，单位为克（g）。

（2）平行测定结果用算术平均值表示，保留 3 位有效数字。

7. 重复性

在重复性条件下获得的两次独立测试结果的测定值的绝对差值不得超过算术平均值的 10%。

（二）雷氏盐分光光度检验方法

1. 原理

用甲醇—三氯甲烷混合溶剂提取试样中的氯化胆碱，将溶剂蒸干后用水溶解残渣，再在低温下加入雷氏盐生成氯化胆碱雷氏盐的结晶，过滤出结晶，用丙酮溶解，定容。将其丙酮溶液在波长 525 nm 下进行分光光度测定。

2. 试剂和材料

除非另有说明，在分析中仅使用确认为分析纯的试剂。

（1）水：GB/T 6682，二级。

（2）甲醇。

（3）丙酮。

（4）甲醇—三氯甲烷混合液（10+1）：量取 900 mL 甲醇和 90 mL 三氯甲烷，混匀。

（5）雷氏盐（二氨基四硫代氨酸铬铵）[$NH_4Cr(NH_3)_2(SCN)_4$] 甲醇溶液（40 g/L）：称取 4 g 雷氏盐溶于甲醇，加甲醇稀释至 100 mL，混匀，置冰箱内保存。

3. 仪器与设备

（1）实验室常用玻璃器皿。

（2）振荡器：往复式。

（3）恒温水浴锅。

（4）离心机。

（5）分光光度计：有 1.0 cm 比色皿，可在 525 nm 下测定吸光度。

（6）具塞锥形瓶：200 mL。

（7）高形烧杯：100 mL。

（8）抽滤瓶：250 mL。

（9）坩埚式过滤器：孔径 4~7 μm。

4. 试样的制备

见“（一）离子色谱检验方法（仲裁法）”中“4. 试样的制备”。

5. 分析步骤

（1）试液提取：精确称取试样约 5 g（含氯化胆碱 0.04~0.4 g）于具塞锥形瓶中，精确移入甲醇—三氯甲烷混合液 100.0 mL，加塞，在振荡器上振荡 30 min 后，用慢速滤纸过滤，得试样提取液。

（2）氯化胆碱雷氏盐的生成和溶出：精确吸取上述提取液 5.00~10.00 mL 于 100 mL 高形烧杯中，在 50℃水浴上蒸发至干，加水 40 mL 使残渣溶解，再在冰浴中冷却到 5℃以下，加 3 mL 雷氏盐溶液，间断搅拌反应 30 min，得到氯化胆碱雷氏盐的结晶。

将生成的结晶转入坩埚式过滤器中真空抽滤，烧杯用水洗净，洗液一并抽滤。滤毕，结晶用 5 mL 水洗 3 次，再用 5 mL 甲醇洗，抽干，向过滤器中加入丙酮，使结晶溶解，转入 50 mL 容量瓶中，用丙酮洗净过滤器，洗液一并转入 50 mL 容量瓶中，加丙酮至刻度，混匀，得试样溶液。

（3）测定：

① 试样的测定：吸取 5.0 mL 所得试样液于 10 mL 离心管中，离心 5 min，转速为 3 000 r/min，取上层清液，以丙酮作参比，用 1.0 cm 比色皿在 525 nm 波长下，用分光光度计测定吸光度，在工作曲线上查得试样中氯化胆碱的含量。

② 工作曲线的绘制：精确吸取氯化胆碱标准贮备液 5.00 mL、10.00 mL、15.00 mL、20.00 mL 分别置于 100 mL 高形烧杯中，加水 40 mL，以下按上一步骤（2）“再在冰浴中冷却到 5℃以下”以后的操作及“（3）测定①”进行，测各标准工作液的吸光度，绘制工作曲线。

6. 结果计算

(1) 试样中氯化胆碱 X 以质量分数计，数值以克每千克（g/kg）表示，按式 2-22 计算：

$$X = \frac{m_1 \times V}{m \times V_1} \quad \text{式 2-22}$$

式中：

X ——试样中氯化胆碱的含量，单位为克每千克（g/kg）；

m_1——标准曲线上查得测定样液中氯化胆碱的质量，单位为毫克（mg）；

V ——试样总体积，单位为毫升（mL）；

m ——称取试样的质量，单位为克（g）；

V_1——试样测定时吸取试样提取液的体积，单位为毫升（mL）。

(2) 平行测定结果用算术平均值表示，保留 3 位有效数字。

7. 重复性

在重复性条件下获得的两次独立测试结果的测定值的绝对差值不得超过算术平均值的 15%。

十、饲料中胆碱的测定　离子色谱法（NY/T 1819—2009）

1. 原理

用盐酸溶液水解或直接用水提取样品中的胆碱，用水稀释至合适的浓度后，使用阳离子交换柱和电导检测器分离测定。

2. 试剂

除非另有规定，在分析中仅使用确认为分析纯的试剂和符合 GB/T 6682 中一级水。

(1) 甲磺酸：色谱纯。

(2) 盐酸。

(3) 盐酸溶液 [c(HCl) = 0.1 mol/L]：取 9 mL 盐酸于 1000 mL 容量瓶中，用水定容至刻度。

(4) 甲醇。

(5) 氯化胆碱标准品：纯度应大于 95%。

(6) 氯化胆碱标准储备液：准确称取 0.1g（精确至 0.000 1 g）于 105℃ 干燥恒重的氯化胆碱标准品置于 100 mL 容量瓶中，用甲醇溶解并定容。该标准溶液的浓度为 1 mg/mL。2~8℃ 冷藏保存，有效期两个月。

（7）氯化胆碱标准工作液：精确量取适量氯化胆碱标准储备液置于一棕色容量瓶中，用水稀释成浓度为 2 μg/mL、5 μg/mL、10 μg/mL、20 μg/mL、50 μg/mL、100 μg/mL 的氯化胆碱对照品工作液。2～8℃冷藏保存，有效期一个月。

（8）流动相（4.5 mmol/L 甲磺酸水溶液）：称取 2.88 g 甲磺酸（精确至 0.01 g），用水定容至 1 000 mL，该溶液浓度为 30 mmol/L。取 150 mL 该溶液，用水定容至 1 000 mL。

3. 仪器和设备

（1）离子色谱（IC）仪，带有电导检测器。

（2）天平：感量 0.000 1 g。

（3）离心机：转速大于 5 000 r/min。

（4）超声波提取器。

（5）滤膜：0.45 μm，水系。

4. 采样和试样的制备

（1）按 GB/T 14699.1 采样。

（2）选取有代表性饲料样品至少 500 g，按 GB/T 20195 制备样品。

5. 实验方法

（1）提取：

① 饲料、谷物籽实、饼粕和鱼粉中胆碱的提取：称取试样 2 g（精确至 0.01 g），置于 100 mL 容量瓶中，加入 10 mL 0.1mol/L 盐酸溶液，混合后超声提取 10 min，于 80℃提取 2 h，定容。5 000 r/min 离心或过滤。移取上层清液，用水稀释使其浓度在 2～100 μg/mL，过 0.45 μm 滤膜，上机测定。

② 预混合饲料中胆碱的提取：称取试样 2 g（精确至 0.01 g），置于 100 mL 容量瓶中，加入 80 mL 水，混合后置于振荡器上剧烈振荡或超声提取 30 min，静置 10 min，定容，离心或过滤，用水稀释使其浓度在 2～100 μg/mL，过 0.45 μm 滤膜，上机测定。

（2）测定：

① 色谱条件

色谱柱：阳离子交换分离柱（长 250 mm，内径 4 mm）或性能相当的其他分析柱；

流速：1.0 mL/min；

柱温：40℃；

进样量：25 μL；

检测器：电导检测器。

② 测定：待 IC 分析仪基线平稳后，连续注入氯化胆碱标准溶液，直至得到峰面积能够重现的色谱峰。依次注入标准、试样溶液，以色谱峰的保留时间定性，面积积分值定量，用标准系列进行单点或多点校准参见图 2-18。样品溶液中待测物的响应值均应在仪器测定的线性范围内。

6. 计算

试样中胆碱的含量 X，以毫克每千克（mg/kg）表示，按式 2-23 计算：

$$X = \frac{C \times V \times 1\,000}{m} \times 0.868 \qquad \text{式 2-23}$$

式中：

C——由标准曲线查得的试样测定液中氯化胆碱的浓度，单位为毫克每毫升（mg/mL）；

V——稀释体积，单位为毫升（mL）；

m——试料质量，单位为克（g）；

0.868——氯化胆碱与胆碱之间的换算系数。

平行测定结果用算术平均值表示，保留 3 位有效数字。

7. 重复性

在重复性条件下，完成的两次平行测定结果的相对偏差不大于 10%。

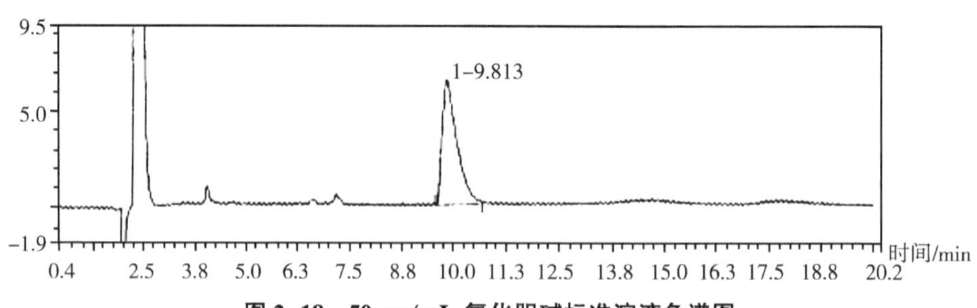

图 2-18　50 μg/mL 氯化胆碱标准溶液色谱图

十一、饲料中甜菜碱的测定　离子色谱法（GB/T 23710—2009）

1. 原理

用水溶解或提取试样中的甜菜碱，溶液经过液液萃取净化，将提取液稀释至合适的浓度后，使用阳离子交换柱和非抑制型电导检测器分离测定。

2. 采样

按 GB/T 14699.1 执行。

3. 试样的制备

按 GB/T 20195 制备样品。

4. 试剂和溶液

除非另有说明，在分析中仅使用优级纯或色谱纯试剂。

（1）水：符合 GB/T 6682 一级用水的规定。

（2）甲磺酸（纯度≥99%）。

（3）三氯甲烷。

（4）流动相：1.5 mmol/L 甲磺酸水溶液。称取 2.88 g 甲磺酸（精确至 0.01 g），用水定容至 1 000 mL，该溶液浓度为 30 mmol/L。取 50 mL 该溶液，用水定容至 1 000 mL（pH 值=2.8~3.0）。

（5）甜菜碱（或甜菜碱盐酸盐）标准品：纯度大于 98%。

（6）甜菜碱标准储备液：准确称取 0.100 0 g 于 105℃ 干燥过的甜菜碱（或 0.131 2 g 于 105℃ 干燥过的甜菜碱盐酸盐）标准品于 100 mL 容量瓶中，用水定容。该标准溶液中甜菜碱的浓度为 1 mg/mL。4℃ 冰箱保存，有效期两个月。

（7）甜菜碱标准工作液：准确吸取 25.0 mL、5.0 mL、2.5 mL、0.5 mL 甜菜碱标准储备液于 50 mL 容量瓶中，用水定容。该标准工作液的浓度分别为：0.5 mg/mL、0.1 mg/mL、0.05 mg/mL、0.01 mg/mL。该溶液用时现配。

5. 仪器设备

（1）振荡器（或超声波提取器）：水平方向振荡，频率 250~300 r/min。

（2）离心机。

（3）离子色谱系统，由下述部件组成：

① 泵（无脉冲）；

② 电子电导检测器：适合阳离子测定；

③ 分析柱：阳离子交换分离柱或性能相当的其他分析柱。

（4）电子天平：感量为 0.000 1 g。

6. 分析步骤

（1）提取和净化：

① 饲料样品：称取浓缩饲料和预混合饲料试样 2 g、配合饲料试样 5 g，精确至 0.000 1 g，置于 100 mL 容量瓶中，加入大约 80 mL 水，混合后置于振荡器

上剧烈振荡或超声提取 30 min，静置 10 min，定容，离心或过滤。取 2 mL 滤液于离心管中，加入 2 mL 三氯甲烷，剧烈震摇后放置 10 min，5 000 r/min 离心 10 min，移取上层清液，过 0.45 μm 滤膜后上机测定。

② 甜菜碱（或盐酸盐）和复合甜菜碱样品：称取添加剂甜菜碱（或盐酸盐）试样 0.1 g、复合甜菜碱试样 1 g，精确至 0.000 1 g，置于 100 mL 容量瓶中，加入大约 80 mL 水，混合后置于振荡器上剧烈振荡或超声提取 30 min，静置 10 min，定容，离心或过滤，滤液用水稀释至适当的浓度后过 0.45 μm 滤膜，上机测定。

（2）测定：

① 色谱条件

流速：1.0 mL/min；

柱温：40℃；

进样量：10~20 μL。

② 测定：向离子色谱（IC）分析仪连续注入甜菜碱标准工作液，直至得到基线平稳，峰形对称且峰面积能够重现的色谱峰。

依次注入标准、试样溶液，积分得到峰面积，用标准系列进行单点或多点校准参见图 2-19、图 2-20。

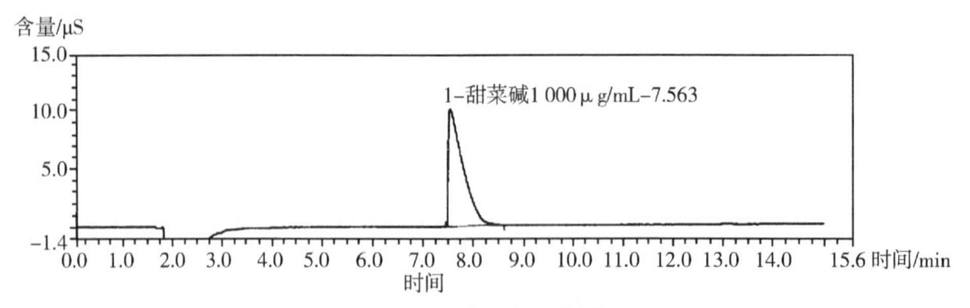

图 2-19　甜菜碱标准色谱图

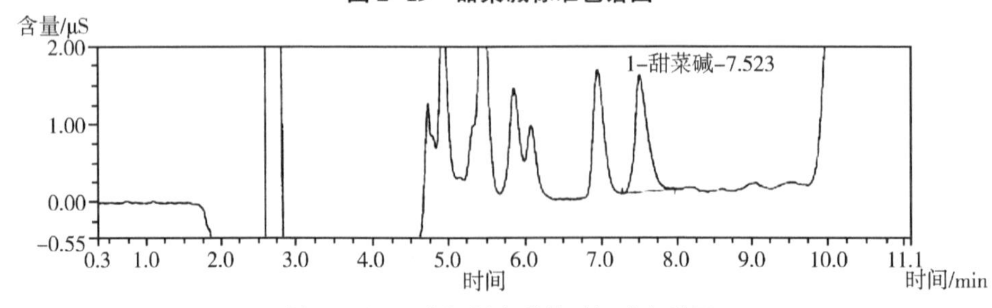

图 2-20　配合饲料中甜菜碱标准色谱图

7. **结果计算**

试样中甜菜碱的含量 X_1 以毫克每千克（mg/kg）表示，按式 2-24 计算：

$$X_1 = \frac{c \times V \times 1\ 000}{m} \qquad \text{式 2-24}$$

式中：

c——由标准曲线查得的试样测定液中甜菜碱的浓度，单位为毫克每毫升（mg/mL）；

V——定容体积，单位为毫升（mL）；

m——试样质量，单位为克（g）。

试样中甜菜碱盐酸盐的含量 X_2 以毫克每千克（mg/kg）表示，按式 2-25 计算：

$$X_2 = \frac{c \times V \times 1\ 000}{m} \times 1.311\ 7 \qquad 2\text{-}25$$

式中：

c——由标准曲线查得的试样测定液中甜菜碱的浓度，单位为毫克每毫升（mg/mL）；

V——定容体积，单位为毫升（mL）；

m——试样质量，单位为克（g）；

1.311 7——由甜菜碱换算成甜菜碱盐酸盐的系数。

每个试样取两份试料进行平行测定，以两次平行测定的算术平均值为测定结果，结果保留 3 位有效数字。

8. **重复性**

两个平行试料测定值的相对偏差不大于 5%。

十二、添加剂预混合饲料中肌醇的测定（NY/T 1345—2007）

（一）气相色谱法

1. **原理**

试样用水在一定温度下振荡提取，过滤并定容。该提取液经烷基化衍生后，用气相色谱氢火焰检测器定性定量检测。

2. **试剂和材料**

除特殊注明外，本法所用的试剂均为分析纯，水为符合 GB/T 6682 中二级用水的规定。

（1）二甲基甲酰胺（色谱纯）。

（2）三甲基氯硅烷（色谱纯）。

（3）六甲基二硅氨烷（色谱纯）。

（4）正已烷。

（5）无水乙醇。

（6）无水硫酸钠。

（7）肌醇（标准品）：大于等于99%。

（8）肌醇标准溶液：

① 肌醇标准贮备液：准确称取已在105℃条件下烘至恒重的肌醇标准品0.05 g（准确至0.000 1 g），用去离子水溶解，并稀释定容至100 mL，该标准储备液的浓度为500 μg/mL。4℃冰箱贮存备用，有效期半年。

② 肌醇标准工作液：分别吸取肌醇标准贮备液0.0 mL、1.0 mL、2.0 mL、3.0 mL、4.0 mL、5.0 mL、10.0 mL于100 mL容量瓶中，用去离子水定容至刻度，配制成浓度为0.0、5.00 μg/mL、10.00 μg/mL、15.00 μg/mL、20.0μg/mL、25.0 μg/mL、50.0 μg/mL的肌醇标准工作液。

3. 仪器设备

（1）实验室常用设备。

（2）分析天平，感量0.000 1 g。

（3）恒温水浴。

（4）旋涡混合器。

（5）烘箱，可控温度为105℃±1℃。

（6）色谱仪：附氢火焰检测器的气相色谱仪。

4. 试样制备

取有代表性的样品，用四分法缩减至约200 g，充分混匀，贮于磨口瓶中备用。

5. 步骤

（1）试样溶液的制备：

① 提取：称取经105℃干燥至恒重的试样2 g（精确至0.000 2 g），置于100 mL容量瓶中，加水约70 mL，混摇，在40℃水浴上加热10 min提取，在旋涡混合器上振荡10 min，冷却至室温，用水定容至100 mL，中速滤纸过滤，吸取0.5 mL滤液于试管中，加入1～2 mL无水乙醇，100℃水浴中浓缩至干。

② 硅烷基化衍生：在浓缩至干的样品中加入 2 mL 二甲基甲酰胺，于旋涡混合器上使之完全分散，再加入 0.6 mL 六甲基二硅氨烷，0.3 mL 三甲基氯硅烷，旋涡混合器上混匀后密塞，80℃水浴保温反应 20 min，取出，冷却至室温。加入 5 mL 去离子水，摇匀。准确加入 3 mL 正己烷，旋涡混合器上充分振荡后室温下放置 10 min，吸取正己烷层，加入适量无水硫酸钠，轻轻振摇后，取适量上清液上机测定。

（2）肌醇标准曲线的制备：分别移取肌醇标准工作液 10.0 μg/mL、20.0 μg/mL、30.0 μg/mL、40.0 μg/mL、50.0 μg/mL 和 100.0 μg/mL 各 0.02 mL、0.04 mL、0.06 mL、0.08 mL、0.10 mL 和 0.20 mL，加入 1~2 mL 无水乙醇，100℃水浴中浓缩至干。余下步骤同硅烷基化衍生部分。

（3）色谱条件：

色谱柱：HP-5（交联 5%苯甲基聚硅氧烷）长 2.5 m，内径 0.32 mm，粒度 0.25 μm 的石英弹性毛细管柱；

气流速度：载气（N_2）5.3 mL/min，尾吹气（N_2）30 mL/min，氢气 30 mL/min，空气 400 mL/min，分流比 1：11；

温度：柱温 190℃，检测器温度 245℃，进样口温度 245℃；

检测器：氢火焰检测器；

进样量：1 μL。

6. 结果计算与表述

计算公式：试样中肌醇的含量（X）以质量分数（mg/kg）表示，按式 2-26 计算：

$$X = \frac{m_0}{m} \times n \qquad \text{式 2-26}$$

式中：

m_0——试样色谱峰面积对应的肌醇的质量，单位为微克（μg）；

m ——所称量的试样质量，单位为克（g）；

n ——稀释倍数。

计算结果保留小数点后两位数字。

7. 精密度

（1）重复性：在同一实验室、由同一操作人员在同一台仪器上完成的两个平行测定结果，相对偏差不大于 5%，以两个平行测定结果的算术平均值为测定结果。

（2）再现性：在不同的实验室、由不同的操作人员用不同的仪器设备完成的平行测定结果，相对偏差不大于10%。

（二）离子色谱法

1. 方法原理

肌醇易溶于水，可直接用水浸提样品。鉴于肌醇分子具有电化学活泼性及在强碱溶液中呈离子化状态，对其可采用高效阴离子交换色谱分离—脉冲安培检测方法（HPAEC-PAD）进行测定。

2. 试剂和材料

除特殊注明外，本法所用的试剂均为分析纯，水符合GB/T 6682二级用水的规定。

（1）氢氧化钠溶液：c(NaOH) = 10 mol/L，称取40.0 g氢氧化钠在冷却状态下溶解定容至100 mL。

（2）流动相［c(NaOH) = 0.6 mol/L氢氧化钠溶液］：取60 mL氢氧化钠溶液加水稀释至1 L。

（3）肌醇标准溶液：

① 肌醇标准贮备溶液：准确称取在105℃条件下烘至恒重的肌醇标准品（含量≥99%）0.1 g（精确至0.000 1 g），用去离子水溶解，并稀释至100 mL。该溶液浓度为1 mg/mL。

② 肌醇中间标准溶液：准确吸取肌醇标准贮备溶液10 mL稀释定容至100 mL。该溶液浓度为100.0 μg/mL。

③ 肌醇标准工作溶液：分别准确吸取肌醇中间标准溶液0.5 mL、1 mL、2 mL、5 mL、10 mL、20 mL稀释定容至100 mL。配制成浓度分别为0.5 μg/mL、1.0 μg/mL、2.0 μg/mL、5.0 μg/mL、10.0 μg/mL、20.0 μg/mL的标准工作溶液。

3. 仪器设备

实验室常用设备。

（1）分析天平，感量0.000 1 g。

（2）超声振荡器。

（3）离心机。

（4）色谱仪：具有梯度淋洗功能，配有脉冲安培电化学检测器。

4. 试样制备

同“（一）气相色谱法”中“4. 试样制备”。

5. 步骤

（1）试样溶液的制备：称取经 105℃烘至恒重的试样 0.5 g（精确至 0.000 2 g），置于 100 mL 离心管中，加入 50 mL 去离子水，超声振荡 2~3 min，4 000 r/min 下离心 10 min，取适量上清液经 0.25 μm 微膜过滤器过滤，上机测定。

（2）色谱条件：

色谱柱：柱长 250 mm，内径 4 mm，装有乙烯基氯/二乙烯基（粒径 7.5μm）、大孔季胺基胶乳阴离子交换树脂；

柱温：30℃；

流动相流速：0.4 mL/min；

检测器：脉冲安培电化学检测器，测量电极 Au，参比电极 Ag/AgCl；

进样量：20 μL。

6. 结果计算与表述

计算公式：试样中肌醇的含量 X_1 以质量分数（mg/kg）表示，按式 2-27 计算。

$$X_1 = \frac{C \times V \times n_1}{m_1} \qquad \text{式 2-27}$$

式中：

C ——标准工作液中肌醇浓度，单位为微克每毫升（μg/mL）；

V ——试样提取液的体积，单位为毫升（mL）；

n_1 ——稀释倍数；

m_1 ——所称量的试样的质量，单位为克（g）。

7. 精密度

（1）重复性：在同一实验室、由同一操作人员在同一台仪器上完成的两个平行测定结果，相对偏差不大于 5%，以两个平行测定结果的算术平均值为测定结果。

（2）再现性：在不同的实验室、由不同的操作人员用不同的仪器设备完成的测定结果，相对偏差不大于 10%。

十三、饲料中 L-抗坏血酸-2-磷酸酯的测定　高效液相色谱法（GB/T 23882—2009）

1. 原理

试样中的 L-抗坏血酸-2-磷酸酯用磷酸盐缓冲溶液提取，离心，过滤，过滤液用高效液相色谱仪进行测定，外标法定量。

2. 试剂和溶液

除非另有说明，在分析中仅使用确认为分析纯的试剂和符合 GB/T 6682 规定的二级水。

（1）甲醇：色谱纯。

（2）磷酸。

（3）磷酸二氢钾。

（4）四丁基硫酸氢铵。

（5）磷酸盐缓冲溶液：54 g 磷酸二氢钾溶于 900 mL 水中，用磷酸调至 pH 值 3.0 后，用水稀释至 1 000 mL。

（6）流动相：称取 6.8 g 磷酸二氢钾，0.5 g 四丁基硫酸氢铵，置于 1 000 mL 容量瓶中，加入约 700 mL 水，待全部溶解后，加入 75 mL 甲醇，用水定容至刻度，摇匀，过 0.45 μm 滤膜，超声脱气。

（7）L-抗坏血酸-2-磷酸酯标准储备液（以 L-抗坏血酸计 100 μg/mL）：准确称取三-环己胺-抗坏血酸-2-磷酸酯［tris-（cyclohexyl-ammonium）ascorbic acid-2-phosphate］（$C_{24}H_{48}N_3O_9P$ 纯度>99.0%）标准品 0.015 8 g（标准品以 L-抗坏血酸计，换算因子为 0.318 4）用磷酸盐缓冲溶液溶解并定容于 50 mL 棕色容量瓶中。保存在 4℃冰箱中，有效期一个月。

（8）L-抗坏血酸-2-磷酸酯标准工作液：分别移取 L-抗坏血酸-2-磷酸酯标准储备液 0.50 mL、1.00 mL、2.00 mL、5.00 mL、10.0 mL 置 50 mL 棕色容量瓶中，用磷酸盐缓冲溶液定容，即以 L-抗坏血酸计浓度为 1.00 μg/mL、2.00 μg/mL、4.00 μg/mL、10.0 μg/mL、20.0 μg/mL 标准工作液。当日配制。

3. 仪器和设备

（1）高效液相色谱仪，配有紫外或二极管阵列检测器。

（2）离心机：3 500 r/min。

（3）超声波水浴。

4. 采样

按照 GB/T 14699.1 的规定执行。

5. 试样制备

按 GB/T 20195 制备试样，磨碎，通过 0.45 mm 孔筛，混匀，装入密闭容器中，避光低温保存备用。

6. 分析步骤

（1）提取：称取一定量的试样［含 L-抗坏血酸-2-磷酸酯（以 L-抗坏血酸计）约 1 mg］，精确至 0.1 mg，置于 100 mL 容量瓶中，加入约 70 mL 磷酸盐缓冲溶液，于超声波水浴中超声处理 15 min，用磷酸盐缓冲溶液定容至刻度（V）。取适量溶液 3 500 r/min 离心 5 min，离心后上清液经过 0.45 μm 滤膜过滤，滤液用于高效液相色谱分析。

（2）测定：

① 液相色谱参考条件

色谱柱：C_{18}柱，长 250 mm，内径 4.6 mm，粒径 5 μm，或性能相当者；

柱温：室温；

流速：1.0 mL/min；

检测波长：250 nm；

进样量：20 μL。

② 标准曲线的绘制：向基线平稳的 HPLC 分析仪连续注入 L-抗坏血酸-2-磷酸酯标准工作液，浓度由低到高，以峰面积浓度作图，得到标准曲线回归方程。

（3）定量测定：注入待测样液，其中 L-抗坏血酸-2-磷酸酯的峰面积响应值应在标准曲线线性范围内，超过线性范围则应稀释后再进样分析。依据峰面积，从标准曲线中得到待测样液中 L-抗坏血酸-2-磷酸酯的浓度（c）。有关色谱图参见图 2-21、图 2-22。

7. 结果计算

试样中 L-抗坏血酸-2-磷酸酯的含量（以 L-抗坏血酸计）X，以质量分数表示，单位为毫克每千克（mg/kg），按式 2-28 计算：

$$X = \frac{c \times V}{m} \times n \qquad \text{式 2-28}$$

式中：

c ——由标准曲线而得的试样液中 L-抗坏血酸-2-磷酸酯的浓度（以 L-抗坏血酸计），单位为微克每毫升（μg/mL）；

V ——试样定容体积，单位为毫升（mL）；

m ——试样质量，单位为克（g）；

n ——稀释倍数。

测定结果用平行测定的算术平均值表示，保留 3 位有效数字。

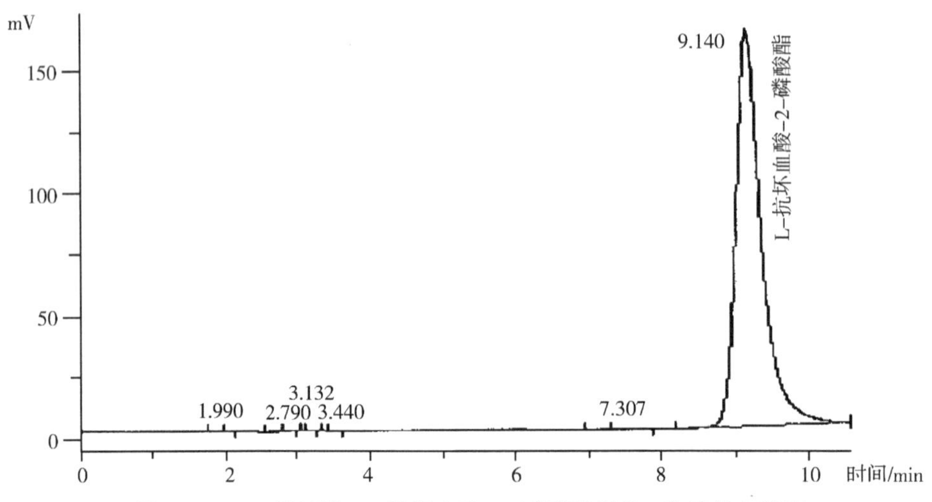

图 2–21　三–环己胺–L–抗坏血酸–2–磷酸酯标准工作液的色谱图

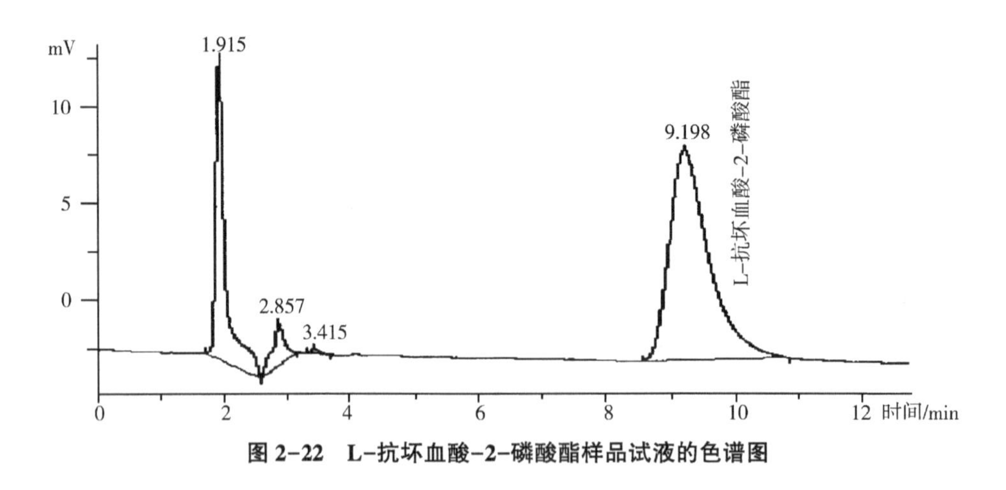

图 2–22　L–抗坏血酸–2–磷酸酯样品试液的色谱图

8. 重复性

同一实验室、由同一操作人员使用同一仪器完成的两个平行测定结果的相对偏差不大于 15%。

十四、饲料中总抗坏血酸的测定　邻苯二胺荧光法（GB/T 17816—1999）

1. 方法原理

先将试样中抗坏血酸在弱酸性条件下提取出来，提取液中还原型抗坏血酸经活性炭氧化为脱氢抗坏血酸，与邻苯二胺（OPDA）反应生成有荧光的喹喔啉（quinoxaline），其荧光强度与脱氢抗坏血酸的浓度在一定条件下成正比。另外，根据脱氢抗坏血酸与硼酸可形成硼酸—脱氢抗坏血酸络合物而不与邻苯二胺反应，以此作为“空白”排除试样中荧光杂质的干扰。

2. 试剂

本标准所用试剂，除特殊说明外，均为分析纯。实验室用水应符合 GB/T 6682 中三级水的规格。

（1）偏磷酸—乙酸溶液：称取 15 g 偏磷酸，加入 40 mL 冰乙酸及 250 mL 水，加温，搅拌，使之逐渐溶解，冷却后加水至 500 mL。于 4℃ 冰箱可保存 7~10 d。

（2）0. 15 mol/L 硫酸溶液：取 10 mL 硫酸，小心加入水中，再加水稀释至 1 200 mL。

（3）偏磷酸—乙酸—硫酸溶液：以 0. 15 mol/L 硫酸溶液为稀释液代替水，其余同上（1）配制。

（4）50%乙酸钠溶液：称取 500 g 乙酸钠（$CH_3COONa \cdot 3H_2O$），加水至 1 000 mL。

（5）硼酸—乙酸钠溶液：称取 3 g 硼酸，溶于 100 mL 乙酸钠溶液中。临用前配制。

（6）邻苯二胺溶液：称取 20 mg 邻苯二胺，于临用前用水稀释至 100 mL。

（7）抗坏血酸标准溶液（1 mg/mL）：准确称取 50 mg 抗坏血酸，用溶液溶于 50 mL 容量瓶中，并稀释至刻度。临用前配制。

（8）抗坏血酸标准工作溶液（100μg/mL）：取 10 mL 抗坏血酸标准溶液，用溶液稀释至 100 mL。稀释前测试 pH 值，如其 pH 值大于 2. 2 时，则应用溶液稀释。

（9）0. 04%百里酚蓝指示剂溶液：称取 0. 1 g 百里酚蓝，加 0. 02 mol/L 氢氧化钠溶液，在玻璃研钵中研磨至溶解，氢氧化钠的用量为 10. 75 mL，磨溶后用水稀释至 250 mL。

变色范围：pH 值等于 1. 2 为红色；pH 值等于 2. 8 为黄色；pH 值大于 4. 0 为蓝色。

（10）活性炭的活化：加 200 g 炭粉于 1 L 盐酸（1+9）中，加热回流 1~2 h，过滤，用水洗至无铁离子（Fe^{3+}）为止，置于 110~120℃ 烘箱中干燥，备用。

检验铁离子方法：利用普鲁士蓝反应。将2%亚铁氰化钾与1%盐酸等量混合，将上述洗出滤液滴入，如有铁离子则产生蓝色沉淀。

3. 仪器、设备

（1）荧光分光光度计：激发波长350 nm，发射波长430 nm，1 cm石英比色皿。

（2）实验室用样品粉碎机。

（3）实验室常用仪器、设备。

4. 试样制备

取具有代表性样品，用四分法缩分至200 g，然后粉碎至过0.45 mm（40目）筛，混匀后装于密封容器，保存备用。

5. 测定步骤

（1）试样中碱性物质量的预检：称取试样1 g于烧杯中，加10 mL偏磷酸—乙酸溶液，用百里酚蓝指示剂检查pH值，如呈红色，即可用偏磷酸—乙酸溶液制成样品提取稀释液。若呈黄色或蓝色，则滴加偏磷酸—乙酸—硫酸溶液，使其变红，并记录所用量。

（2）试样溶液的制备：称取试样若干克（精确至0.000 1 g，含抗坏血酸约2.5~10 mg）于100 mL容量瓶中，按上步预检碱量，加偏磷酸—乙酸—硫酸溶液调至pH值为1.2，或者直接用偏磷酸—乙酸溶液定容，摇匀。如样品含大量悬浮物，则需进行过滤，滤液为试样溶液。

（3）测定步骤：

① 氧化处理：分别取上述试样溶液及标准工作溶液100 mL于200 mL带盖三角瓶中，加2 g活性炭，用力振摇1 min，干法过滤，弃去最初数毫升，收集其余全部滤液，即为样品氧化液和标准氧化液。

② 各取10 mL标准氧化液于两个100 mL容量瓶中分别标明“标准”及“标准空白”。

③ 各取10 mL样品氧化液于两个100 mL容量瓶中分别标明“样品”及“样品空白”。

④ 于“标准空白”及“样品空白”溶液中各加5 mL硼酸—乙酸钠溶液，混合摇动15 min，用水稀释至100 mL。

⑤ 于“标准”及“样品”溶液中各加5 mL乙酸钠溶液，用水稀释至100 mL。

⑥ 荧光反应：取④中“标准空白”“样品空白”溶液及⑤中“样品”溶液

2.0 mL，分别置于10 mL带盖试管中，在暗室迅速向各管中加入5 mL邻苯二胺溶液，振摇混合，在室温下反应35 min，于激发波长350 nm，发射波长430 nm处测定荧光强度。

⑦ 标准曲线的绘制：取上述“标准”溶液（抗坏血酸含量10 μg/mL）0.5 mL、1.0 mL、1.5 mL、2.0 mL标准系列，各双份分别置于10 mL带盖试管中，再用水补充至2.0 mL。荧光反应按⑥。以标准系列荧光强度分别减去标准空白荧光强度为纵坐标，对应抗坏血酸含量（μg）为横坐标，绘制标准曲线。

6. 分析结果的计算及表示

分析结果按式2-29计算：

$$X=\frac{n\times C}{m} \qquad \text{式 2-29}$$

式中：

X——每千克试样中含抗坏血酸及脱氢抗坏血酸总量，mg；

C——从标准曲线上查得的试样液中抗坏血酸的含量，μg；

m——试样质量，g；

n——试样溶液的稀释倍数。

所得结果表示到小数点后一位。

7. 允许差

每个试样称取两份试料进行平行测定，以其算术平均值为测定结果。

在每千克饲料中抗坏血酸的含量小于或等于1 000 mg时，测定结果的相对偏差不大于10%。

在每千克饲料中抗坏血酸的含量大于1 000 mg时，测定结果的相对偏差不大于5%。

第三章　当前维生素检测常见问题

第一节　标准品配制方面的问题

一、检测维生素 A 时标准品易混用

注意标准物质的变化，维生素 A 乙酸酯与维生素 A 单体不是同一种物质，保留时间不一致，测定时，标准物质和样品需同时进行皂化处理；标准溶液和样品溶液上机浓度接近时，单点校正较准确；标准物质和样品上机溶液的溶剂应一致，最好使用流动相。具体配制方法如下。

1. 皂化提取法

称取维生素 A 乙酸酯标准品 34. 4 mg（精确至 0. 000 01 g）于皂化瓶中，按分析步骤皂化和提取，将提取液全部浓缩蒸发至干，用正已烷溶解残渣置于 100 mL 棕色容量瓶中并稀释至刻度混匀，4℃ 保存。该贮备液浓度为 344 μg/mL(1 000 IU/mL)，临用前用紫外分光光度计标定其准确浓度。

2. 直接提取法

维生素 A 乙酸酯标准贮备液，称取维生素 A 乙酸酯标准 34. 4mg（精确至 0. 000 1g）于 100 mL 棕色容量瓶中，用甲醇溶解并稀释至刻度，混匀，4℃保存。该贮备液浓度 344μg/mL（1 000 IU/mL），临用前用紫外分光光度计标定其准确浓度。

二、检测维生素 D_3 计算时易出现的问题

维生素 D_3 对照品与试样同样皂化处理后，所得标准溶液注入高效液相色谱

分析柱以维生素 D_3 峰面积计算时可不乘 1.25。

三、检测维生素 E 时标准品易混用

两种标准品混用，虽然都是维生素 E，但是二者成分不同，一种是生育酚（适用于皂化提取法），一种是生育酚乙酸酯（适用于直接提取法），所以二者出峰时间不同，不能互用。具体配制方法如下。

1. 皂化提取法

DL-α-生育酚标准贮备液：称取 DL-α-生育酚对照品 100 mg（精确至 0.000 01 g）于 100 mL 棕色容量瓶中，用正己烷溶解并稀释至刻度，混匀，4℃保存。该贮备液浓度为 1.0 mg/mL。

2. 直接提取法

维生素 E（DL-α-生育酚乙酸酯）标准贮备液：称取 DL-α-生育酚乙酸酯 100 mg（精确至 0.000 01 g），于 100 mL 棕色容量瓶中，用甲醇溶解并稀释至刻度，混匀，4℃保存。该贮备液浓度为 1.0 mg/mL。

四、关于维生素标准品存放问题

为了延长维生素标准品储存时间，可以采取以下方法。

1. 向配制好的维生素 A 标准品储备液中添加 2,6-二叔丁基对甲酚（BHT）100mg 能够延长标准品保质期至 1 年以上。

2. 标准储备液放在 0℃也就是保鲜层，储存时间长；标准储备液忌反复冻融；维生素 E 标准品冷冻-18℃保存可适当延长使用时间。标准工作液宜现配现用。

五、标准中未说明标定标准品浓度具体方法

解决办法，建议参考 GB 5009.82—2016《食品安全国家标准　食品中维生素 A、D、E 的测定》，具体如下。

1. 维生素 A 标准储备溶液（0.500 mg/mL）

准确称取 25.0 mg 维生素 A 标准品，用无水乙醇溶解后，转移入 50mL 容量瓶中，定容至刻度，此溶液浓度约为 0.500mg/mL。将溶液转移至棕色试剂瓶中，密封后，在-20℃下避光保存，有效期 1 个月。临用前将溶液回温至 20℃，并进行浓度校正。

2. 维生素 E 标准储备溶液（1.00 mg/mL）

分别准确称取 α-生育酚、β-生育酚、γ-生育酚和 δ-生育酚各 50.0 mg，

用无水乙醇溶解后，转移入 50 mL 容量瓶中，定容至刻度，此溶液浓度约为 1.00 mg/mL。将溶液转移至棕色试剂瓶中，密封后，在-20℃下避光保存，有效期 6 个月。临用前将溶液回温至 20℃，并进行浓度校正。

3. 维生素 D_2 标准储备溶液

准确称取维生素 D_2 标准品 10.0 mg，用色谱纯无水乙醇溶解并定容至 100 mL，使其浓度约为 100 μg/mL，转移至棕色试剂瓶中，于-20℃冰箱中密封保存，有效期 3 个月。临用前用紫外分光光度法校正其浓度。

4. 维生素 D_3 标准储备溶液

准确称取维生素 D_3 标准品 10.0mg，用色谱纯无水乙醇溶解并定容至 10 mL，使其浓度约为 100 μg/mL，转移至 100 mL 的棕色试剂瓶中，于-20℃冰箱中密封保存，有效期 3 个月。临用前用紫外分光光度法校正其浓度。

5. 维生素 A、维生素 D、维生素 E 标准溶液浓度校正方法

（1）取维生素 A 标准储备溶液 50μL 于 10 mL 的棕色容量瓶中，用无水乙醇定容至刻度，混匀，用 1cm 石英比色杯，以无水乙醇为空白参比，按表 3-1 的测定波长测定其吸光度；

（2）分别取维生素 D_2、维生素 D_3 标准储备溶液 100μL 于各 10 mL 的棕色容量瓶中，用无水乙醇定容至刻度，混匀，分别用 1 cm 石英比色杯，以无水乙醇为空白参比，按表 3-1 的测定波长测定其吸光度；

（3）分别取 α-生育酚、β-生育酚、γ-生育酚和 δ-生育酚标准储备溶液 500μL 于各 10 mL 棕色容量瓶中，用无水乙醇定容至刻度，混匀，分别用 1 cm 石英比色杯，以无水乙醇为空白参比，按表 3-1 的测定波长测定其吸光度。

表 3-1　测定波长及百分吸光系数

目标物	波长/nm	E（1%比色光系数）
α-生育酚	292	76
β-生育酚	296	89
γ-生育酚	298	91
δ-生育酚	298	87
维生素 A	325	1835
维生素 D_2	264	485
维生素 D_3	264	462

第二节 维生素前处理过程中易出现的问题

一、样品状态影响检测结果

曾有在饲料中维生素 A 测定的前处理条件研究各因素对测定结果影响的主次顺序是：样品状态对测定结果影响最大，其次为称样量，最后为提取方法。最佳前处理方案为：原样、称 10 g、皂化。在饲料中维生素 A 测定过程，样品状态对测定结果影响最大，其次为称样量。最佳的前处理方案为样品不进行振荡、不进行打样、使用原样进行测定，称样量为 10g，用皂化方法进行提取。皂化提取方法对数据的影响较小，选择酶解超声提取方法可提高提取效果。建议饲料样品送检时，要确保样品用容器装满并压实，以防止运输过程中样品在容器中来回振荡引起维生素 A 微胶囊颗粒流动。

二、称样量影响检测结果

刘成模（2019）用液相色谱法检测配合饲料中维生素 A 含量发现，称样量在 2g 以上测定结果逐渐变小，为了减少称量误差，选择称样量为 2g。吕明（2015）发现不同品种饲料维生素的添加量不同，所以在称量时要根据添加量掌握适当的称量样，或者适当稀释。

三、皂化温度的选择影响检测结果

分别将 5 份 2.00g 样品按上述步骤分别在 40℃、50℃、60℃、70℃、80℃的不同温度下皂化反应，检结果显示，维生素 A 乙酸酯在 50℃以后皂化反应趋于完全，为了确保皂化反应更加完全，因此样品皂化反应温度选择 60℃。（刘成模，2019）

四、皂化时间影响检测结果

反应时间的选择：分别将 5 份 2.00g 样品按上述步骤皂化 2h、3h、4h、5h 和 6h，最后样品检测看出维生素 A 皂化反应时间 2~6h 对其结果影响不大，折中选取皂化反应时间为 4h。（刘成模，2019）

五、氢氧化钾溶液量的选择影响检测结果

分别将 10 份 2.00g 样品按上述步骤每两份分别加入氢氧化钾溶液

（500g/L）5mL、7.5mL、10mL、12.5mL、15mL 提取，按上述检测方法检测，结果显示，检测时加入 10mL 氢氧化钾溶液（500g/L）足够皂化完全维生素 A 乙酸酯，因此样品选择加入氢氧化钾溶液（500g/L）的量为 10mL。（刘成模，2019）

六、对检出限的要求影响前处理方法的选择

黄娟（2015）比较预混合饲料中维生素 A 乙酸酯的 3 种前处理方法。分别用甲醇法、酶解法和皂化法 3 种前处理方法对预混合饲料中维生素 A 乙酸酯进行提取，用高效液相色谱测定其含量。3 种方法的线性相关系数（R^2）均大于 0.999，相对标准偏差（*RSD*）均小于 2.00%，皂化法的检出限和回收率均优于甲醇法和酶解法。皂化法适用于所有样品的检测，对于大批量高含量的预混料样品，可用简便快捷的酶解法代替皂化法。

七、酶解法注意事项

赵小华（2010）在利用酶解法测定复合维生素溶液中维生素 A 含量的研究样品处理过程中，碱性蛋白酶的添加量与取样量中维生素 A 的含量有一定的关系，即碱性蛋白酶的添加量（万 IU）与取样量中维生素 A 的标示量（万 IU）比值不得少于 10^6。如果取样量中维生素 A 的标示量异常高时，碱性蛋白酶的添加量应为常规添加量的两倍以上，这样才能保证碱性蛋白酶使样品完全酶解。吕明（2015）发现试验温度对维生素回收率来说至关重要，温度影响碱性蛋白酶的活性和消化率，超声波水浴器最好能具有自动调温功能，水浴的温度恒定，有利于试验数据的准确性。在常温超声的步骤中，一定要等冷却到室温再定容，否则容易引起测量值偏大。

八、制粒对饲料中维生素检测结果的影响

阴季悌（1988）研究结果表明，制粒前维生素 A 为（13 313±235）IU/kg，制粒后为（12 448±280）IU/kg，降低了 6.5%（$P<0.05$）。这一减少值几乎是 1958 年 Bierer 和 Vickers 所报道的 1/5。差异的原因可能是由于 Bierer 和 Vickers 的实验缺乏抗氧化剂，而且使用的是游离醇型维生素 A。这里报道的值几乎比 1985 年 Jansen 和 Friedrich 所报道的值低 30%。Jansen 和 Friedrich 添加 3%的脂肪，另有研究的日粮添加脂肪量为 4.3%，由于添加的脂肪在饲料通过制粒模压时起润滑作用，所以该研究中的饲料可能在制粒过程中所受温度较低。

第三节　维生素样品稳定性的问题

一、样品储存环境影响维生素的稳定性

1. 温度对维生素 A 稳定性的影响

维生素 A 几乎可以看成维生素家族中最不稳定的一员。从分子结构上看，为一种不饱和一元醇，侧链中的双烯共轭键是发挥其生物学功能的必需结构，是单线态氧、羟自由基、脂质过氧化自由基以及其他自由基有效的淬灭剂和捕捉剂。维生素 A 在温度、水分、酸、矿物质等的作用下，极易发生氧化分解而使活性下降甚至丧失。首先，温度是影响维生素 A 稳定性的重要因素。研究表明，储存 3 个月后，粉状及颗粒饲料中维生素 A 存留率在低温下储存分别为 50%和 65%，高温下储存则减少到 39%和 20%。美国堪萨斯州立大学对维生素 A 在 10℃、15℃、20℃条件下进行储藏试验，22. 5 年后每个处理维生素 A 的活性分别为 79. 2%、72. 5%和 61. 7%。曾有研究表明，1%预混料（含维生素、氯化胆碱和微量元素）在 28℃下储存 45 天，维生素 A 的损失率高达 89%。维生素微量元素矿物质预混料（含胆碱），在 1℃、25℃和 43℃下贮存 16 周后，维生素 A 的损失率分别为 47%、56%和 70%。孙海霞（2000）也报道高中温条件有加快维生素 A 损失的作用，预混料贮藏 6 个月时，维生素 A 在 0~4℃、18~45℃和 45℃以上的损失率分别为 0. 58%、17. 63%和 37. 56%。王志刚（2006）报道，微量元素预混料在 37℃贮藏 45 天时，维生素 A 损失为 18. 90%。所以维生素 A 储存温度不宜超过 35℃，温度越低越好。温度影响维生素 A 的稳定性可能主要是通过直接为维生素 A 参加的化学反应提供能量。

2. 水分对维生素稳定性的影响

水分对维生素稳定性的影响目前已是一个不争的事实。以适当的数量定位和定向存在于预混料中的水分，对维生素的结构、外观和外表以及腐败的敏感性有着很大的影响。高水分可以使维生素 A 包被基质软化，为氧、微量元素等不利因素的破坏创造条件。黄忠（1998）报道 1%蛋鸡中复合预混料储存一个月，水分在 7%时，维生素 A 的保存率为 91%，但在 10%时，维生素 A 的保存率仅为 8%。测定维生素 A 实验表明在不同条件下贮藏 3 个月的保存率，低温低湿条件下是 88%，高温低湿条件下是 86%，高温高湿条件下是 2%，由此可看出，高湿和高温的互作影响远远大于高温单独因素的影响。

3. 温度和湿度对维生素稳定性的影响

可从以下两个方面分析，从反应条件分析，维生素自身熔点较低，易受高温的影响；高温提高了水分子、金属离子的活性，为金属离子催化自由基链式反应提供了能量；另外，目前认为维生素 A 的包被率最好的也仅在 90%左右，那部分没有包被好的维生素 A 首先受不利物理和化学环境的影响而破坏，造成前期的损失率高。维生素 A 的破坏过程类似于化学反应动力学规律，在一个反应体系内，由于底物的消耗和产物的堆积使化学反应趋于平衡，反应速度逐渐减慢。且随贮藏时间的延长，水分、氧气等参加反应而消耗，对维生素 A 破坏的不利因素减少。这些因素都不同程度地使维生素 A 的损失在前期较大。

4. 酸度对维生素稳定性的影响

酸度对维生素 A 的影响研究近年来也有报道。载体或预混料中的 pH 值对维生素的效价均有影响。例如，当 pH 值小于 5 时维生素 A 乙酸酯易吸水使酯键水解生成维生素 A，维生素 A 则易受酸的作用而降解。维生素 A 乙酸酯在中性或 pH 值微酸性的饲料中稳定，但即使是轻微的碱性条件也可能影响其稳定性。试验证明，偏于酸性或碱性的载体都将会影响某些维生素的稳定性。但也有相异的结论，有研究表明，添加微量元素矿物质预混料 pH 值为 6.5，而不添加的为 3.5，两种料虽然在值上相差 3 个单位，但对酸性敏感、对碱性环境稳定的维生素 A 在不同的储存温度下，未产生明显的差异。有实验测得复合多维、复合多维加无机微量元素预混料、复合多维加有机微量元素预混料的 pH 值分别为 5.06、4.17 和 2.22。那些对酸性较为敏感和一般敏感的维生素，在维生素加有机微量元素的预混料中稳定性较高，说明 pH 值对维生素的稳定性影响并不是一个主要因素，产生这种差异的原因很可能与 pH 值的考察范围不一致有关。

二、微量元素对维生素的影响

影响维生素稳定性的重要因素之一，是由微量元素催化引起的氧化还原反应。一般认为 Cu^{2+}、Zn^{2+}、Fe^{2+}对维生素活性影响较大，特别是在有水分和脂肪存在时加快反应速度，破坏机制可能与这些元素催化活性氧自由基及其链式反应有关。

曾有报道，脂溶性维生素及水溶性维生素（维生素 B_1、维生素 B_6、维生素 B_{12}和维生素 C 等）对微量元素敏感，在微量元素 Mn^{2+}、Cu^{2+}、Zn^{2+}、Fe^{2+}存在的情况下，维生素预混料在贮存 3 个月后，维生素 K 损失 80%以上，叶酸损失

40%以上，维生素 B_6 损失 20%以上。

1. 无机微量元素对维生素稳定性的影响

孔凡科（2020）在研究不同铜源和添加水平对不同储存时间下脂溶性维生素稳定性的影响发现：以磷酸氢钙为载体，分别添加 3 167 000 IU/kg 维生素 A、733 000 IU/kg 维生素 D_3、16 667 mg/kg 维生素 E，在室温条件下，研究储存时间（8 周）、铜源（碱式氯化铜和五水硫酸铜）及其添加水平（0、4.5%、9%、13.5%、18%）对维生素 A、维生素 D_3、维生素 E 稳定性的影响。结果表明：随着存储时间延长，维生素 A、维生素 D_3、维生素 E 的损失率显著增加，维生素 A 和维生素 E 的损失率在第 7 周达到峰值；铜源对维生素 A 的损失率影响不显著，五水硫酸铜对维生素 D_3 的破坏作用显著大于碱式氯化铜，碱式氯化铜对维生素 E 的破坏作用极显著大于五水硫酸铜；添加铜源能够显著增加维生素 A、维生素 D_3 及维生素 E 的损失率，随着铜添加量的增加（≥4.5%）维生素 A 的损失率没有显著变化，维生素 D_3 的损失率随着铜添加量的增加显著增加，维生素 E 的损失率随着添加量的增加呈先增加后降低的趋势。综上所述，复合预混合饲料中铜的添加量应控制在 4.5%以内，保存期限不宜超过 6 周，铜源对维生素 A、维生素 D_3 及维生素 E 的稳定性均有相同影响，可以根据饲料产品的实际情况选择铜源进行饲料配方设计。

多数资料表明，饲料中微量元素对维生素 A 的破坏作用远远大于其他因素的作用。铁、铜、锌对维生素 A 氧化具有促进作用。有学者研究了不同规格和带有不同结晶水的单项微量元素对维生素 A 胶囊的影响，发现带有 7~9 个结晶水的硫酸亚铁和硫酸锌对维生素 A 活性有很大的影响。王志刚（2006）报道预混料包被硫酸亚铁对维生素 A 具有额外破坏作用。曾有报道预混料储藏 30 天时，包被硫酸锌对维生素 A 的损失贡献率为 14.8%，碱式碳酸铜对维生素 A 损失贡献率达到 62.9%，说明铜对维生素 A 稳定性影响大于锌。但也有不一致的结论，孙海霞（2000）报道预混料中添加高剂量铜不能造成维生素 A 的无额外损失。这可能是与微量元素添加的剂型或剂量以及游离出的金属离子发挥作用的浓度有关。因此，不同添加形式的微量元素对维生素稳定性的影响及作用程度还有待进一步研究。

考虑到维生素 A 的不稳定性，生产中常用醋酸或棕榈酸对维生素 A 进行酯化，加有适量抗氧化剂，并采用明胶、淀粉等包被而制成灰黄色或淡褐色颗粒。将维生素 A 制成微囊后可隔绝空气、水分和光线，使药中维生素 A 的稳定性明显提高。生产中所用的维生素 A 乙酸酯的稳定性比维生素 A 醇的稳定性提高了许多，但仍然存在自发氧化降解过程，通常温度升高 10℃，氧化速度增加 1 倍。

含微量元素不同的化合物，其氧化或还原维生素的能力不同，硫酸盐易吸潮，在水中溶解度较高，带电离子较易电离，因此，其对维生素的破坏性远远大于碳酸盐和氧化物，但后两者利用率低，且硫酸盐价格便宜，所以在生产上常常忽略硫酸盐对维生素的破坏作用。程忠刚等（2002）对不同化合形式对预混料中各种维生素单体稳定性的影响作了报道，认为微量元素中以硫酸盐对不同维生素单体的破坏程度最严重，其次分别是碳酸盐、氧化物。崔立（1999）认为大部分维生素添加剂对微量元素矿物质，尤其是以硫酸盐形式存在的矿物元素不稳定。Dove 和 Ewan（1986）测定了 α-生育酚在含及不含微量元素饲料中的稳定性，3 个月后 α-生育酚的存留率分别为 50%和 30%，进一步再添加 245mg/kg 的铜，结果 15 天后 α-生育酚全部损失。另外，微量元素配伍情况也会影响维生素的稳定性，沈辉等（1997）试验发现，单独的碘制剂，无论是碘化钾还是碘酸钾对维生素的稳定性影响都较小，但当与其他成分（主要是铜）配伍时，则有较强的破坏作用。有学者通过考察预混料贮存 60 天时，碘化钾不同的稳定化处理对碘及维生素 A 保护效果的研究中发现，未经任何稳定前处理时，碘化钾损失极大，而维生素 A 几乎完全损失，其留存率<0. 5%，而碘化钾经过包被剂Ⅱ或硬脂酸钙包被后，其维生素 A 留存率分别达到 91. 0%和 104. 0%。另外用碘酸钙或碘酸钾代替碘化钾时，维生素 A 的留存率也达到 97. 0%和 101. 0%。从碘化钾损失的实质看，由于其中离子态碘本身具有还原性，在外界条件下（湿度、温度、空气等）可被慢慢氧化成碘分子，而碘分子能够升华，在预混料中由于铜、铁等盐类的存在，特别是这些金属离子起到的某种催化作用，促使饲料中的碘离子稳定性受到影响，3 个月后 α-生育酚的存留率分别为 50%和 30%，进一步再添加 245mg/kg 的铜，结果 15 天后 α-生育酚全部损失。

目前，针对无机微量元素在生产上所表现出的缺点，生产厂家为了提高微量元素的生物学利用率、减少饲料贮存中对维生素的破坏作用，常将微量元素经过不同的化学工艺处理，以改善自身的物理特性，减少对维生素的影响。例如，目前生产中用得最多铜添加剂的改良产品是碱式氯化铜，林月霞（2006）研究了碱式氯化铜对饲料贮存中维生素 E 氧化稳定性的影响，在第 10 天和 21 天时，300mg/kg（以含铜量计）碱式氯化铜组中维生素 E 含量均极显著高于对照组（五水硫酸铜组）（$P<0.01$）。碱式氯化铜是氯化铜和氢氧化铜的

结合体，在这种结合体中，3/4 的酸可以被中和，结果产生的化合物水溶性低，不会产生铜离子而促进饲料氧化，因此在促进氧化反应方面不活跃，提高了饲料中维生素的稳定性。Hooge 等（2000）也研究了碱式氯化铜与饲料中维生素稳定性的关系，当饲料铜源是五水硫酸铜时，粉料中的维生素 A、维生素 D_3、维生素 E 和维生素 B_2 的水平比粒料下降 8.54%、1.02%、11.82%和 6.11%，这同时也说明饲料颗粒大小对维生素稳定性有影响。当饲料铜源是碱式氯化铜时，粉料中维生素 A、维生素 D_3、维生素 E 和维生素 B_2 的水平比粒料仅下降 3.07%、0.87%、3.28%和 1.79%。另外，因碱式氯化铜不易于吸潮结块，可以在很大程度上预防预混料（特别是高铜预混料）存放时间较长或存放环境湿度过大等原因而造成吸潮结块。PARC 监测在肉鸡生长早期，不同铜源对肉鸡肝脏和血清中维生素 E 活性损失的影响试验结果表明，含有碱式氯化铜的样品在制粒过程中维生素 E 损失较少。对于其他微量元素产品也有报道，在考察预混料贮存中添加碱式碳酸铜和包被硫酸锌对维生素 A 稳定性的研究中，认为它们相对普通微量元素添加组对维生素 A 影响较小。

2. 有机微量元素对维生素稳定性的影响

有机微量元素可分为金属络合物（配体化合物）和螯合物两类。前者是由一个中心离子（或原子）如（Fe^{2+}、Cu^{2+}、Zn^{2+}等）和配位体（能提供孤对电子，如 N、O、S）以共价键相结合所形成的复杂复合物；后者是由一个或多个基团与一个金属离子进行配位反应而生成的具有环状结构的内络合物。现今问世的有机微量元素特别是氨基酸螯合物，可以兼顾两方面的优点：一是生物利用率高；二是对维生素的保护性好。这样既可以延长预混料的安全储存期，也可较好保护维生素。有学者认为，由于有机微量元素的特殊化学结构，具有比较稳定的化学性质，使其分子内电荷趋于中性，在体内酸碱环境下，金属离子得到有效保护，既防止磷酸、植酸等与金属离子结合形成难溶的化合物，又阻止不溶性胶体的吸附作用，使金属离子免受日粮中其他成分和胃肠道中胃酸等物质的不良作用，保护了金属离子，便于机体对金属离子的充分吸收和利用。氨基酸螯合铜对饲料中脂类的氧化反应影响不明显，与无机铜相比，更加适合预混料的配制。有检测表明，氨基酸微量元素螯合物在预混料中具有较好的稳定性，对维生素 E、维生素 C 的破坏作用明显小于无机盐。有研究显示添加甘氨酸铁的面粉中维生素 A 的氧化降解速度常数 K_a 值显著小于（$P<0.05$）添加硫酸亚铁的对照组。有机微量元素离子被封闭在螯合物的螯环内，性质较为稳定，极大地降低了对饲料中添加的维生素的氧化作用，对维生素的破坏作用明

显小于无机矿物盐。

3. 烟酸（烟酰胺）的稳定性

烟酸的辅酶形式为烟酰胺腺嘌呤二核苷酸（NAD）和烟酰胺腺嘌呤二核苷酸磷酸（NADP），两者均能以氧化或还原态存在。加热或酸碱条件下，可将烟酰胺转变为烟酸，而维生素活性不受损失。用以补充烟酸的添加剂有烟酸和烟酰胺两种形式的产品，两者在干燥和水溶液中都很稳定，每月效价损失在1%以下，在预混料中可稳定贮藏3个月，在颗粒料中，室温贮存3个月，烟酸活性存留率可达95%~100%，一般甚少出现稳定性方面的问题。酸、碱对二者有轻微影响。在与微量元素配合时，烟酸适宜与呈酸性反应的硫酸盐、氯化物和硝酸盐配合，而烟酰胺适宜与呈中性或碱性反应的氧化物配合。由于烟酰胺不具有酸性，无刺激性，一般添加剂多用烟酰胺。关于烟酸（烟酰胺）在饲料中稳定性的研究报道较少。有学者在医学上进行了作为治疗烟酸缺乏症的烟酸缓释片的稳定性研究，通过光照试验、高温试验、低温试验、高湿度试验、样品暴露于空气中试验等影响因素试验，以及6个月的加速试验和长达两年的室温留样试验考察其稳定性，未见有降解产物，产品的性状、含量、释放度等检测指标均符合质量标准规定，说明烟酸缓释片具有较好的稳定性。有学者在烟酸制剂的稳定性研究中也发现，在光照试验、80℃高温试验、相对湿度为75%的高湿试验中均未检测到烟酸的降解产物，其外观性状和标示百分含量测定结果也均未发生明显变化。从分子结构上看，烟酰胺为一种吡啶衍生物，吡啶是一种缺电子芳杂环，由于环中β位的电子云密度较α位高，环上的亲电取代反应较困难，所以烟酰胺被认为是一种相对最稳定的维生素，不易被酸、碱、水分、金属离子、热、光、氧化剂及加工储存等因素破坏。故其在配合饲料及医药上的加工、贮存过程中损失均很少，即使是制粒、灭菌处理的损失量也很低。

4. 影响维生素稳定性的因素

影响维生素稳定性的因素有很多，包括pH值、温度、光照等，具体情况见表3-2、表3-3。

表3-2　影响维生素稳定性的因素

维生素种类	酸性	中性	碱性	热稳定性	氧	光照
维生素 B_1	稳定	不稳定	不稳定	不稳定	不稳定	稳定
维生素 B_2	稳定	稳定	不稳定	稳定	稳定	不稳定

（续表）

维生素种类	酸性	中性	碱性	热稳定性	氧	光照
烟酸	稳定	稳定	稳定	稳定	稳定	稳定
泛酸	不稳定	稳定	不稳定	不稳定	稳定	稳定
吡哆醇	稳定	稳定	稳定	稳定	稳定	稳定
生物素	稳定	稳定	稳定	稳定	稳定	稳定
叶酸	不稳定	不稳定	稳定	稳定	稳定	不稳定
维生素 B_{12}	稳定	稳定	稳定	稳定	不稳定	不稳定
氯化胆碱	稳定	稳定	不稳定	稳定	稳定	稳定
维生素 A	不稳定	稳定	稳定	不稳定	不稳定	不稳定
维生素 D_3	稳定	稳定	不稳定	不稳定	不稳定	不稳定
维生素 E	稳定	稳定	不稳定	不稳定	不稳定	不稳定
维生素 K_3	不稳定	稳定	不稳定	稳定	稳定	不稳定
维生素 C	稳定	不稳定	不稳定	不稳定	不稳定	不稳定

表 3-3　维生素的稳定性

非常稳定	稳定	中等	不稳定	极不稳定
氯化胆碱	维生素 B_2	泛酸	维生素 B_1	维生素 C
维生素 B_{12}	烟酸	叶酸		
	维生素 E	吡哆醇		
	生物素	维生素 D_3		

第四节　维生素上机过程注意事项

启动液相色谱仪器的流程

开启 HPLC 系统各个设备的电源，分别打开泵、自动进样器、检测器电源，待设备通过自检后，打开计算机，启动色谱管理软件；准备流动相：过滤，脱气；色谱泵排气：用新配制的流动相灌注泵；用准备好的流动相平衡色谱系统，设定流速参数，系统需平衡 0.5~1 h 方能稳定工作；准备样品：用流动相溶样或重组样品；编制仪器方法，开始实验，过程中注意要点如下。

1. 启动泵的要点

（1）“用前要过渡，用后要冲洗”。“用前要过渡”的主要内容：一是用不含缓冲盐的流动相过渡，然后用含缓冲盐流动相平衡；二是用不含缓冲盐的流动相过渡和平衡。过渡和平衡的流动相用量是柱体积的 30 倍左右。

（2）用后要冲洗：用不含缓冲盐的流动相冲洗，然后注入纯甲醇或乙腈。冲洗的流动相和注入的纯甲醇或乙腈的用量是柱体积的 30 倍左右。

（3）排气泡：打开排泄阀，5 mL/min 的流速，纯化 2~3 min。

（4）清洗盐析：打开蠕动泵，冲洗 2~3 min。清洗进样针，启动蠕动泵，冲洗 1~2 循环。

2. 换色谱柱的要点

（1）方向不能反；

（2）管子一定要插到色谱柱接头的底部，再拧紧螺塞；

（3）启动泵，有液体从管内流出，先接好色谱柱的入口端；

（4）启动泵，有液体从色谱柱出口端流出；

（5）停泵，再接好色谱柱的出口端。

3. 启动检测器要点

启动检测器的检测器灯是有寿命的，一般在色谱柱平衡好之前 30 min 启动检测器，检测结束后即关检测器，极大的延长氘灯的使用寿命，提高使用效率。

4. 样品预处理的要点

（1）注意提取液的溶解性，例如：维生素 B_2 在水中的溶解度是 70 μg/mL；

（2）加大提取液有机溶剂比率去除无机盐；

（3）加大提取液有机溶剂比率去除蛋白质；

（4）利用固相萃取方法去除无机盐；

（5）12 000 r/min 离心 12 min 去除蛋白质；

（6）上机前过 0.45 μm 或 0.22 μm 滤膜。

5. 进样要点

（1）手动进样，宜采用超载进样，进样准确，重复性好；

（2）自动进样，尽量少进样，减少污染物进入系统；

（3）进样前，要冲洗六通阀，排出气泡和除去污染物。

6. 保留时间的选择

一般控制在 10 min 之内，缩短保留时间的方法有：

（1）使用短柱；

（2）提高柱温；

（3）增加流动相中有机相的比例，特殊色谱柱除外；

（4）增加流速。

7. 洗针溶剂根据流动相的不同应有不同

（1）流动相为缓冲溶液时：50%水+50%甲醇；

（2）流动相为纯缓冲溶液时：100%水；

（3）流动相非水溶液：反相 100%甲醇。

8. 液相色谱对流动相的要求

色谱柱对流动相的要求：过滤除去微粒、纯度的要求、超纯水，或用 $KMnO_4$ 处理过的双蒸水、有机溶剂：色谱纯（溶剂中的杂质含量尽可能低）、并与填料相匹配、缓冲液的 pH 值在填料的允许范围内（一般在 pH 值 2~8）、缓冲液（盐）的浓度不要太高（≤100mmol/L）、按流动相对样品的溶解度调整有机溶剂和水的比例，最好用流动相溶样。

（1）流动相脱气的目的：使色谱泵的输液准确、输液均匀准确，并且脉动减小、保留时间及色谱峰面积的重现性提高、提高检测的性能、防止气泡引起的尖峰、基线稳定，信噪比增加、溶剂的紫外吸收本底降低、保护色谱柱、减少死体积、防止填料的氧化。

（2）流动相脱气的方法：① 加热，简单，如同抽真空一起使用，其效果很好。但容易造成流动相组成的变化。②抽真空，同上，一般在溶剂抽滤的同时，也有脱气的效果。③超声波振荡，简单，但效果不够理想；超声时间不要太长（1 min 左右即可）。④通惰性气体（一般用氦气），可保持在线连续脱气，多用于低压梯度。⑤在线脱气机，可保持连续脱气，多于低压梯度。

（3）流动相的保存：① 有机溶剂流动相，室温下密封，避光保存；②缓冲盐流动相，当日现配现用，低温下密封保存，一般不超过 3 天，防止微生物生长；③有机溶剂与水（缓冲盐）混配的流动相，低温密封保存、防止有机相的挥发，选用适宜的容器。

9. 色谱泵的排气操作

色谱泵实验前，应先确认泵头内没有气体，如有气体要按以下步骤排气。

（1）将泵入口管吸滤头放入脱过气的流动相中，打开泵及在线脱气机电源开关，将排液阀打开，或断开与色谱柱连接的管路，设置流速到6~9 mL/min，排液阀出口有液流连续流出，必要时用10mL注射器从泵入口注入流动相。

（2）色谱泵的维护保养：流动相要过滤常用缓冲液时，停泵前要用水清洗泵头，并用水冲洗柱塞杆清洗孔；关闭排液阀时，不要太用力拧紧，以不渗液为准，更换流动相时，要保证两种溶剂的互溶性，如不互溶，要用一种中间溶剂过渡，色谱泵在停用时，应先用水洗去缓冲盐，然后用纯甲醇充满泵头及管路，并保存在纯甲醇中。

10. 液相色谱系统的清洗与钝化

色谱泵吸滤头、进出口阀及管路（包括进样器和检测池）若被污染，应作清洗和钝化处理，一般采用30%磷酸水溶液作为清洗剂，用6 mol/L硝酸作为钝化剂，先清洗再钝化，清洗的目的是去除不锈钢管路及系统内的污垢，钝化的目的是使不锈钢管路的内表面形成光滑均匀的氧化膜。

11. HPLC系统压力问题分析

（1）系统压力高可能的原因：温度太低、流速太高、流动相黏度大、管路堵塞、仪器或色谱柱堵塞、压力传感器问题。

（2）压力低或没有压力可能的原因：温度太高，流速太低；泵关闭或保险丝断了，泵未输送流动相或者系统内有渗漏处；所用溶剂不正确；自动进样器在清洗（Purge）时卡住；储液瓶中无溶剂，低压限设置不当，泵未正确排气，溶剂入口过滤头堵塞，入口管路中有空气，泵失效等。

（3）压力不稳可能的原因：压力传感器问题、泵排气不充分、泵失效、流动相未正确脱气、所用溶剂不混溶或易挥发。

（4）HPLC流路基线噪音问题分析：

① 基线不稳定（不重复）原因：检测池中有大的气泡、流路中有小气泡流过；系统未稳定或未达到化学平衡；流动相被污染；检测器流动池漏；色谱柱污染。

② 基线漂移原因：系统不稳或未化学平衡、温度波动、流动相未正确脱气、流动相被污染；流动相中有稳定剂或稳定剂变化、检测器流动池漏；系统中有渗漏、色谱柱污染；固定相渗漏、选用不正确的检测波长（相对于溶剂）；有迟流出的组分。

③ 短程振荡：泵压不稳，泵入口管松、弯或堵塞；溶剂混合不充分、检测池中有大气泡、泵入口阀污染或失效；泵柱塞杆密封垫磨损；检测器出口溶液成滴状流入废液瓶。

④ 长程振荡：温度波动、溶剂被循环通过系统，噪音脉冲尖刺、流路中有小气泡、泵头有气泡空腔、入口阀污染或失效；检测池中有小颗粒物、泵或检测器未正确接地。

⑤ 无规律基线噪音：一般是由气泡引起的，要进行流动相脱气；如果气体滞留在检测器中，要对流动相脱气、对检测池加一定的反压；还有可能是泄漏问题，要修复泄漏，更换接头，一定要去除根源。

⑥ 有规律的基线噪音：几乎都由色谱泵引起，如泵头中有气泡，要做泵排气并重做溶剂脱气；如单向阀污染或失效要清洗或更换之；另外柱塞杆密封垫漏液，要更换密封垫；柱塞杆损坏也要更换。

（5）色谱图常见问题主要有三类：

色谱峰峰形异常问题，例如负峰、宽峰、肩峰、双峰、峰形不对称等；

色谱图中多峰少峰问题，色谱图未出峰，出峰比预想的多等；

色谱峰保留时间问题，保留时间不稳定等。

① 所有峰都变形是怎么回事？（图 3-1）

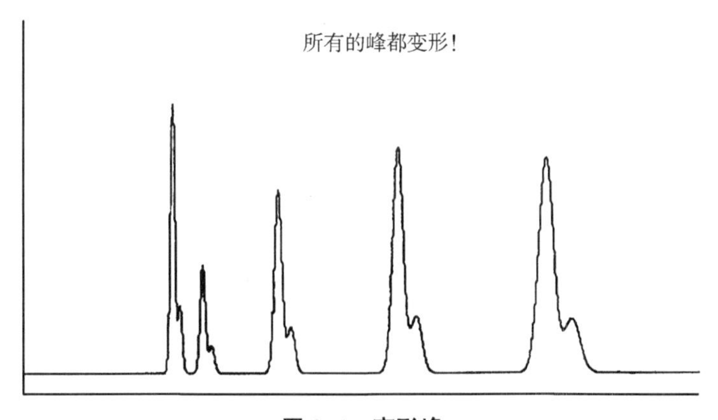

图 3-1　变形峰

可能的原因：振动使柱床破坏，高 pH 值流动相使填料颗粒溶解。

② 保留时间飘忽不定（各次运行之间）怎么回事？

原因：系统不稳定或未达化学平衡、泵压力不稳（泵头里有气泡）、进样体积过大或样品浓度过大、温度波动、流动相混合不均匀、色谱柱被污染。

③ 保留时间增加或减少（各次运行之间）的原因？

原因：系统不稳定或化学平衡不足、泵流速变化、温度变化、色谱柱污染，柱效下降、流动相被污染、溶剂入口过滤器堵塞或管路堵塞、系统渗漏。

④ 色谱柱毁坏：溶解样品的溶剂不当，色谱柱过载，包括质量过载和体积过载，其他柱外效应，如管路连接、采样速率、时间常数。

⑤ 部分色谱峰形不正常：由于第二种相互作用的发生，使碱性物质峰形拖尾，酸性及中性物质峰形对称，碱性样品拖尾。

⑥ 所有的峰均为负峰：信号电缆接反或检测器输出极性设置颠倒，光学装置尚未达到平衡，一个或几个峰是负峰，流动相吸收本底高，进样过程中进了空气，离子对分离中的系统峰样品组分的吸收（RI 或 UV）低于流动相。

⑦ 所有的峰都是宽峰：系统未平衡或未达到化学平衡，溶样的溶剂比流动相强很多，色谱柱类型或尺寸不正确，色谱柱或保护柱被污染或降级，温度变化对色谱柱的影响。

⑧ 较早洗脱的峰呈宽峰：进样体积过大或样品浓度太高，进样器有问题，定量环（Loop）大小不合适，在线过滤器、保护柱、色谱柱或管路堵塞，管路问题：内径不对或切管不正确，管路连接问题：接头或锥箍不正确，检测器时间常数不正确。

⑨ 色谱峰峰形异常问题：峰比预想的要小，样品黏度过大，进样器有问题或进样体积有误，检测器设置不正确，定量环（Loop）体积不正确，检测器输出未置零，用了不正确的检测器输出信号，检测池被污染，检测器的灯可能有问题。

⑩ 色谱峰峰形异常问题：双峰或肩峰，进样量或样品浓度过大，保护柱或色谱柱进口堵塞，保护柱或色谱柱污染或失效，进样量或样品浓度过大，溶样的溶剂相对于流动相太强，保护柱或色谱柱污染或失效。

⑪ 色谱峰峰形异常问题：平头峰，检测器设置不正确，进样体积太大或样品浓度太高。拖尾峰，保护柱或色谱柱问题：污染或失效；进样问题，检测器时间常数不正确。

⑫ 色谱图中未出峰

进样问题：未进样或样品分解；流动相问题：泵未输液或流动相不正确；检测器设置不正确，或检测器有问题；色谱图中出峰比预想的少；样品分解；色谱柱失效；用错流动相，梯度洗脱时平衡不足（例如过早将手动进样器扳至 Load 位置）。

⑬ 色谱图中出峰比预想的多（鬼峰）：样品分解或制样时导入了杂质；流动相被污染，或用错流动相；流动相中有稳定剂或稳定剂发生变化；前次进样的后流出物（某些 *Rt* 值特别大的组分）；进样器被污染，洗针系统出问题或注

射器污染未充分平衡进样器 Loop 管；保护柱污染，色谱柱被污染，分辨率下降。

⑭ 检测器的使用和保养：如长时间不用检测器可以关掉光源灯（UV，FLD），仅在 4 h 以上不用时，才需关灯，频繁开关灯也会影响灯寿命；不要让缓冲液长期停滞在检测池内，用纯水冲洗，保存在纯甲醇中；示差检测器及荧光检测器若与其他检测器串联使用，应将此两种检测器串在其他检测器的后面，不用检测器的液晶显示屏时，应将其亮度调暗。

第四章　维生素检测技术发展新动态

作为饲料中主要的营养物质，脂溶性维生素和水溶性维生素的种类、性质、生理功能及相关国家标准检测方法已在本书相关章节进行详细阐述，本章不再赘述。由于维生素种类很多，化学结构各异，其紫外、红外、核磁共振、荧光特性有很大区别，所以维生素的国标检测一般采用高效液相色谱分析系统（紫外或荧光），对单种或者几种化学性质相似的维生素进行检测分析，基本操作过程涉及提取、浓缩和液相色谱分离检测分析。使用液相色谱进行检测分析时，各种维生素能与饲料基质实现有效分离，并且选择性好、灵敏度高，操作能够实现自动化。

近年来随着电化学、光化学等技术的发展和色谱、质谱、光谱等相关分析仪器的研究应用，饲料中维生素的检测分析也朝着高灵敏度和高通量的方向发展，一些在食品、医药等方面使用的高效率检测方法，也不断地被饲料行业相关技术人员吸收总结，并应用到饲料维生素的分析工作中。本章内容笔者将从目前维生素检测的新方向、新动态入手，将目前涉及饲料、食品、医药等领域的维生素检测方法进行总结归纳，以便读者在日常工作中利用新方法、新技术进行饲料中维生素的高效分析检测。

第一节　水溶性维生素检测分析发展新动态

一、色谱及其联用技术检测水溶性维生素

色谱是现代高效分离检测的重要技术平台，伴随现代高效液相色谱的发展，高灵敏度、高分辨率、高通量和自动化等特点，配合良好高效的前处理手段，

成为多种水溶性维生素同时分析的首要选择。饲料中水溶性维生素分析的国标方法采用的即是液相色谱方法，但目前只针对单种或一种维生素的不同亚型进行分析，不能对饲料，尤其是预混料中多种水溶性维生素的同时分析，在实际应用中，尤其是饲料行业大批量检测分析时效率较低，读者可根据下述内容中以色谱仪及其联用技术为平台的新技术、新动向，参考自身检测实际情况进行优化研究，制定能够满足多种水溶性维生素同时分析的检测方法，同时对检测过程中的填充剂、流动相、检测波长、流速、进样量和柱温等角度对色谱条件进行优化，提高检测工作效率。

使用液相色谱进行水溶性维生素检测时，普遍使用 C_{18} 色谱柱进行分离，采用三氟乙酸/甲醇、醋酸钠/甲醇、水/乙腈、甲醇/水或磷酸二氢钾/乙腈作为流动相，联合紫外检测器检测。为提高水溶性维生素的检出限，许多新型前处理方法被开发应用，免疫亲和柱是使用广泛且比较成功的，其净化柱上固定的生物酶可以有效释放样品在净化阶段被结合水溶性维生素，但免疫亲和柱不适于维生素预混料中高含量水溶性维生素的检测分析，或者可以将净化提取后的液体进行大比例稀释后再上液相色谱进行分析。目前市面上已经有相应测试稳定的商品化免疫亲和柱产品可供使用。

在目前报道的医疗诊断中，同型半胱氨酸、维生素 B_6、维生素 B_9 和维生素 B_{12} 常作为一组相关指标需同时测定，Shaik 等开发的快速分辨液相色谱法可同时测定这四类物质。流动相由甲醇和 1-庚烷磺酸钠盐（33∶67）与 0.05%三乙胺的混合物组成，整个混合物的 pH 值调整为 2.3，流速为 0.5 mL/min，使用保持在 28℃的 C_{18} 柱（5 μm，150 mm×4.6 mm）在一个柱中分离，并在 210 nm 处进行检测，该方法对四类物质检测达到了良好的精度和准确性，也可以为饲料中相关水溶性维生素的同时分析检测提供技术参考。利用高效液相色谱技术的高效分离，也有研究中将预混合饲料中维生素 C、维生素 B_2 及其磷酸盐形式维生素、C-2-磷酸酯（VCP）、维生素 B_2-5-磷酸钠（VB_2P）进行同时分析，预混料样品使用 1.5 mmol/L 四丁基硫酸氢铵缓冲溶液提取后，进行 HPLC 检测。采用 Zorbax Eclipse Plus C_{18} 色谱柱（250 mm×4.6 mm，5 μm），以 1.5 mmol/L 四丁基硫酸氢铵缓冲溶液（pH 值为 3.0）与甲醇作为流动相，梯度淋洗，检测结果完全能够满足方法学要求，适合在实际生产中推广使用。饲料中常添加的水溶性维生素有：烟酸、烟酰胺、叶酸、维生素 B_1、维生素 B_2、盐酸吡哆醇（维生素 B_6），有研究在配备有二极管阵列检测器的色谱分析平台上实现了饲料基质中上述物质的同时分析，预混料样品经沸水浴提取，以甲醇：庚烷磺酸钠—EDTA 离子对（9：91，*V/V*）为流动相，C_{18}色谱柱分离，267 nm、280 nm 双波长检测，结果完全满足分析方法学要求，该方法能够有效解决饲料生产企业维生素原料质量控制评价方面的检测需求。

联用质谱仪的液相色谱具有强大的组分分离与鉴定能力，成为检测复杂有机物的有效手段，而且方法简便、准确，在很短时间内能够完成多种水溶性维生素的同时检测，并且在较宽的线性范围内线性良好，当然，检测限更低。有研究报道中也使用超高效液相色谱—串联质谱仪（UPLC-MS/MS）建立了配合饲料中 6 种水溶性维生素（维生素 B_1、维生素 B_2、维生素 B_3、维生素 B_6、维生素 B_7、维生素 B_{12}）同时分析的方法。饲料样品中水溶性维生素用乙酸铵水溶液（pH 值为 4.0）超声提取，吸取上清液过膜后，供 UPLC-MS/MS 检测。各待测物用 Capcell PAK ADME（2.1 mmI. D×150 mm，3 μm）色谱柱进行分离，采用 50mmol 乙酸铵—甲醇作流动相，梯度洗脱，串联质谱采用电喷雾离子源正模式，在多反应监测（MRM）模式下对 6 种水溶性维生素进行测定。结果表明，6 种维生素同时分析能够满足方法学要求，空白加标浓度为 10~1 000μg/kg，这 6 种水溶性维生素的加标回收率为 83.5%~106.4%，相对标准偏差（n=6）为 3.5%~9.1%，上述饲料中 6 种维生素的检出限为 0.05~1.97 μg/kg，定量下限为 0.16~6.5 μg/kg。该方法准确高效，非常适用于饲料中的水溶性维生素同时检测分析，并且前处理简单，在配备 UPLC-MS/MS 的情况下，可以满足大批量水溶性维生素的分析检测工作。此外，对于生物素检测，其没有典型紫外（UV）发色团，高效液相色谱法的灵敏度比较低，对于一些生物素含量比较低的样品不能检测，更适合使用 UPLC-MS/MS 的方法，有报道建立了维生素预混合饲料中生物素含量的超高效液相色谱质谱联用测定方法，预混料样品用水提取后以 Acquity UPLC BEH C_{18}柱（2.1 mm×50 mm，1.7μm）为色谱柱分离，以电喷雾电离串联质谱在正离子选择反应监测（SRM）模式下进行测定，结果能够完全满足分析方法学的要求。

二、微生物检测方法

水溶性微生物有多种分子构造和差异化的生物学效价，微生物可有效识别，使用微生物法进行检测分析时具有结果可靠、检出限低等优点。目前在食品或医学领域的维生素检测分析国标方法一般采用微生物法，能够满足较低含量的维生素的检测分析。饲料中维生素属于常量级别添加物质，使用微生物法进行时可能具有耗时长的缺点，但是结果真实可靠。目前尚未有利用微生物法进行水溶性维生素检测分析的最新报道，在食品领域，沈泓等（2018）利用莱士曼氏乳酸杆菌对维生素 B_{12}极高的灵敏性和特异性，通过控制该菌的繁殖程度，采用抗生素光度测量仪实时测控培养以及智能终点判断，大大减少了人工操作，提高了准确性，实现对维生素 B_{12}的定量检测。

微生物培养法操作烦琐、步骤冗长等缺点，限制了方法的实际应用范围，为此多家公司开发了微孔板式微生物法定量检测试剂盒，方法以 Tris 缓冲液稀释样品，加入冻干的莱士曼氏乳酸杆菌测试菌球，采用 Costar 3599 细胞培养板培养，使用酶标仪测定结果，结果能够满足方法学要求。相比于传统微生物培养法，微孔板式微生物试剂盒法优势明显，它不仅容易操作，而且数据更精准稳定，平行性更好。目前对于饲料中的维生素还尚未有商业化的微生物法定量检测试剂盒出现。

三、酶联免疫吸附测定法

酶联免疫吸附测定法（Enzyme-linked immunosorbent assay，ELISA）是在免疫酶技术的基础上发展起来的一种新型的免疫测定技术，是目前分析化学领域中的前沿课题之一。酶联免疫技术分析过程操作简单，配备简单的酶标仪即可实现对待测物的分析测定，目前相关酶联免疫试剂盒在饲料板块只用在生物毒素、致病微生物以及药物等物质的检测分析中。这些分析一般待测物的含量较低，约在 ng/kg 或 ng/mL 级，对于维生素的检测尚未有商业化产品上市。

李江等（2017）使用 60%甲醇—水对婴幼儿配方奶粉样本进行提取，通过 ELISA 测定了样本中的维生素 B_{12}。采用包被有维生素 B_{12}抗原的酶标板，并保持免疫活性，受检样品中的维生素 B_{12}与抗原反应后形成抗原抗体复合物，洗涤分离其他物质后，加入酶反应底物，底物被酶催化变为有色产物，产物的量与样品中维生素 B_{12}的量直接相关，根据颜色反应的深浅进行定量分析。由于酶的催化效率很高，故可极大地放大反应效果，从而使测定方法达到很高的敏感度，实际检测表明，该方法线性相关系数大于 0.996，范围在 3~243 μg/kg，与高效液相色谱法检测结果的相对标准偏差小于 10%，方法操作简便，准确灵敏。Kong 等开发了一种间接竞争性酶联免疫吸附法（Indirect competitive enzyme-linked immunosorbent assay，IC-ELISA）检测不同食品中维生素 B_{12}的 4 种主要形式（氰钴胺、羟钴胺、腺苷钴胺和甲钴胺）的方法，其检测极限为 0.065 ng/mL。检测维生素片、能量饮料和婴儿奶粉样本中的维生素 B_{12}，采用 IC-ELISA 方法的回收率在 81%~122%，因此，这种敏感且快速的方法，适合现场检测和快速筛选大量样本。由于饲料中添加的水溶性维生素含量较高，在设计酶联免疫试剂盒时要使用更多的抗体进行包被，虽然目前尚未有商业化试剂盒面市，但基本原理与食品检测相同，科研技术人员可放大酶标板上的抗体数量，从而实现对饲料中水溶性维生素的酶联免疫分析。

四、原子吸收光谱法

原子吸收光谱仪在饲料行业生产企业或者检测机构基本全部覆盖，如果能用于饲料中水溶性维生素的检测，则将大大提高仪器使用效率。对于维生素 B_{12}，其分子结构中独有的配位金属元素钴将可以间接实现利用原子吸收光谱检测维生素 B_{12}。Adolfo 等（2016）基于特定的钴谱线的相对丰度值，用高分辨率连续光源原子吸收光谱法测定维生素 B_{12}样品中的钴，从而间接测定样品中维生素 B_{12}的含量，检出限度为 3. 64 mg/L。目前该方法在蔬菜食品等领域已经有成熟的应用案例，但在饲料领域尚未有研究报道，如果用该方法检测液体预混料或者生物饲料时，甚至不需要对样品做前期处理，非常方便实用。

五、电感耦合等离子检测法

电感应耦合等离子体（Inductively coupled plasma，ICP）是原子发射光谱的新型光源，可形成 10 000K 温度的等离子焰炬。用它做激发光源具有检出限低、线性范围广、电离和化学干扰少、准确度和精密度高等分析性能。目前该技术在饲料领域已经实现了对微量元素、重金属等金属元素相关分析检测，对维生素的分析尚未见报道。上文中笔者指出，维生素 B_{12}分子结构中独有的配位金属元素钴，可以利用其实现间接测定。如现有研究报道中王国玲等建立了电感耦合等离子体质谱法（Inductively coupled plasma mass spectrometry，ICP-MS）间接测定 B 族维生素片中维生素 B_{12}含量的方法，样品经微波消解后，采用在线加入内标校正基体效应，用 ICP-MS 测定钴离子浓度间接测定样品中维生素 B_{12}的含量。方法在 1. 0~100. 0 μg/L 线性范围内具有良好的线性关系，适用于食品中维生素 B_{12}的测定。联用高效液相色谱技术更方便了样品的前处理，适用于各类配方食品或复杂基质，尤其是饲料中维生素 B_{12}的测定。刘杰等（2019）将样品经 0. 01 mol/L 盐酸液化定容后，在 HLB 固相萃取小柱上分别用 7%和 25%乙腈溶液淋洗和洗脱样品，通过高效液相色谱 C_{18}反相色谱柱（100 mm×2. 1 mm，3μm）进行分离，甲醇：8mmol/L 乙酸铵水溶液（19：81，*V/V*）为流动相，等度洗脱，用 ICP-MS 测定钴离子浓度并间接测定样品中维生素 B_{12}的含量。试验结果表明，在 7 min 内可完成化合物的分析，高效液相色谱的引入使 HPLC-ICP-MS 检出能力明显优于 ICP-MS，该方法完全适合饲料中维生素 B_{12} 的分析测定。

六、电化学传感器方法

在过去的几十年里，电化学传感器是研究人员最感兴趣的话题之一。他们在食品质量的确定、临床问题的控制和诊断以及代谢控制等方面被广泛应用，但在饲料检测分析板块，电化学技术目前在维生素产品的主含量分析上有成熟的方法，在饲料产品的检测分析尚无较成熟的研究报道。

Yang 等（2005）利用单分子修饰电极建立了半衍生伏安法检测维生素 B_{12}。维生素 B_{12}在 0.01 mol/L HCl 溶液中，以 100 mV/s 为单位，在自行组装的亚硫代乙酸修饰金电极上，通过 CN-裂化完成的单电子转移，将主要的 Co（iii)形式直接还原为 0.21 V，而后一种物质则与 basing-B_{12}r 相平衡，其在 0.16 V 时立即被还原为维生素 B_{12}。维生素 B_{12}的扩散会控制阴极的峰值电流，0.21 V 的半导伏安图峰值电流与维生素 B_{12}的含量在 4.0×10^{-9}～4.0×10^{-5} mol/L 呈线性关系，检测极限为 1.0×10^{-9} mol/L。该方法成功地应用于药物制剂中维生素 B_{12}含量的测定。Nisansala 等（2017）创造了一种用于食品和医药产品中维生素 B_{12} 检测的简单、灵敏、低成本微流体纸质电化学传感装置，分别用银导电油墨和石墨粉制作了参考电极和反电极，以 200 mV/s 的扫描率，5～25 mmol/L 浓度的维生素 B_{12}在 +2V 时的循环伏安图电流具有线性关系。该方法实用性强、成本低，适合在饲料企业维生素产品纯度提高上进行大面积推广使用。

使用电化学方法进行水溶性维生素的分析检测实用性强，但是单次只能满足一种维生素的分析测定，因此适用于单一水溶性维生素产品的质量控制分析。

七、表面等离子共振方法

表面等离子共振（Surface plasmon resonance，SPR）是一种光学现象，可被用来实时跟踪在天然状态下生物分子间的相互作用。先将一种生物分子（靶分子）键合在生物传感器表面，再将含有另一种能与靶分子产生相互作用的生物分子（分析物）的溶液注入并流经生物传感器表面。生物分子间的结合引起生物传感器表面质量的增加，导致折射指数按同样的比例增强，生物分子间反应的变化即被观察到。

利用维生素 C 和维生素 E 的还原特性，在聚乙烯吡咯烷酮（PVP）做保护剂的条件下制备纳米银并应用于维生素 C 和维生素 E 的检测分析中，有报道发现，制备得到纳米银在 400~450 nm 处会产生强烈的表面等离子共振峰，吸收峰强度与维生素 C 或维生素 E 的浓度成正比。将纳米银这一特性用于定量检测维生素 C 和维生素 E 的含量，其检出限分别是 0.17 mg/L 和 0.63 mg/L，线性范围分别为 0.4~5.0 mg/L 和 0.9~9.5 mg/L。有研究显示利用钴胺素共价耦联到表面等离子共振芯片 CM5 表面，并对竞争结合的维生素 B_{12}结合蛋白的结合浓度进行优化，成功检测了牛奶产品中维生素 B_{12}含量。结果表明，制备的芯片稳定，50 个循环相对标准偏差（*RSD*）小于 10%，所建立的方法可以在 6h 内完成样品的前处理和检测，是一种简便、快捷、定量检测的方法。

表面等离子共振技术对生物分子无任何损伤，且不需任何标记物，适用于食品或者生物样本中的维生素检测分析，如果要将其利用于饲料水溶性维生素的测定，那么饲料基质的前处理以及芯片的可重复回收利用方式将会是面临的主要问题。

八、荧光分子探针法

荧光分子探针检测的最大特点是设备简单、操作简便、分析速度快及灵敏度高，近年来成为化学检测领域的持续热点。最新型的荧光分子探针材料是碳化量子点（Carbon quantum dots，CQD），CQD 作为一种新兴的 0 维碳纳米材料，自从 2006 年第一次被发现以来，一直受到广泛的关注，并迅速发展成为一种优良的荧光纳米材料，有文献详细介绍了其中红色荧光碳量子点的光谱特性，CQD 具有独特的量子尺寸效应和表面效应，与传统荧光染料相比，显示出优良的光谱特征和光化学稳定性。也有文献报道中以此为基础进行水溶性维生素的检测，Li 等以硝酸硫胺（TN）为单体材料，采用一锅水热法制备了量子产率为 10.4%的氮硫共掺杂碳化量子点（N,S-doped carbon quantum dots，N,S-CQD）。随着维生素 B_{12}浓度的增加，N,S-CQD（作为供体）向维生素 B_{12}/酒石酸（作为受体）的能量转移速率和效率也会增加，并且会随着激发波长的变化而变化（338~408nm）。基于此原理设计的一种多功能荧光探针，用于维生素 B_{12}的检测，同时，该材料良好的低毒性和生物相容性，可以作为一种有效的荧光传感探针，用于生物样品中维生素 B_{12}的无标签敏感和选择性检测。因此，近些年 CQD 在生物成像和光学探针等领域得到了广泛研究，此外，文献报道中以巯基丙酸（MPA）为稳定剂，水相合成了高荧光碲化镉 CQD，向 CQD 溶液中加入 Mn^{2+}，由于 Mn^{2+}与 CQD 之间发生电子转移而使其荧光猝灭，加入维生素 C 后

CQD 荧光得以恢复，且荧光恢复程度与维生素 C 浓度呈线性相关，从而建立了基于 CQD 的荧光“开关”探针检测维生素 C。

利用荧光分子探针检测水溶性维生素虽然速度快、灵敏度高，但此技术适用于细胞水平、医药或者食品中低含量的维生素的测定，对于饲料中的水溶性维生素，该方法可能存在检测范围过窄的问题，在应用时需要对饲料中高浓度的待测物质进行多倍数稀释。

九、其他检测方法

在多学科技术进步的引领下，现代检测技术已经进入了百花齐放的时代。Gustavo 等使用流动式膜透析分析系统，实现了牛奶中维生素 B_{12}的在线检测。首先用三氯乙酸和离心法对牛奶样品进行预处理，以消除蛋白质和脂肪，然后使用透析器结合流动连续歧管，对水溶性维生素如维生素 B_{12}、维生素 C 进行透析，并在 361 nm 对其进行分光光度检测。该方法适用于不同种类的牛奶（脱脂牛奶和半脱脂牛奶、淡奶、无乳糖牛奶、液体和全粉牛奶）的快速在线检测。光在发生拉曼散射后其频率会发生变化，不同原子团振动的频率是唯一的，因此拉曼光谱被称为“指纹光谱”，可以照此原理鉴别组成物质的分子种类，表面增强拉曼光谱（Surface-enhanced raman scattering，SERS）结合了分子指纹特异性和潜在的单分子敏感性，使拉曼光谱分析技术出现了质的飞跃，Radu 等使用 SERS 技术实现了食品中维生素 B_2和维生素 B_{12}的同时检测。

此外，分子印迹聚合物在用于水溶性维生素的检测分析上也有了一些应用案例，Li 等使用硼酸放射导向表面印迹制备了维生素 B_{12}的分子印迹聚合物（Molecular imprinted polymer，MIP）。首先将维生素 B_{12}模板共价固定在硼酸功能磁性纳米粒子表面，随后通过水聚合形成聚苯胺乙醇的薄印迹涂层来覆盖基板表面，去除模板后，在印迹层中形成与模板分子大小和形状互补的三维腔体，印迹涂层亲水性强，残留硼酸有限，避免了非特异性结合。制备的 MIP 微粒子具有良好的特异性和较高的结合强度，成功地应用于牛奶中水溶性维生素的分析。

第二节 脂溶性维生素检测分析发展新动态

一、色谱及其联用技术检测脂溶性维生素

与水溶性维生素相同，高效液相色谱法（HPLC）是目前应用最广泛的检测分析饲料中脂溶性维生素的方法。不同结构的维生素 A、维生素 D、维生素 E、维生素 K 在流动相与固定相之间的分配比不同，因此在色谱柱上的出峰时间顺序也不同。目前，国标中检测饲料产品中脂溶性维生素的方法全部是液相色谱法，但同时也存在只针对单种或一种维生素的不同亚型进行分析，不能对饲料尤其是多种脂溶性维生素同时分析，本节内容与第一节内容相似，将目前以色谱及其联用技术为分析系统的检测脂溶性维生素的新方法、新动态加以总结分析，以期读者能够在实际检测分析工作中加以优化利用研究，制定能够满足多种脂溶性维生素同时分析的检测方法，提高检测工作效率。

饲料中维生素 A、维生素 D、维生素 E 检测的国标方法中规定，对于维生素含量较高的饲料产品可以使用甲醇直接提取的方法进行，而对维生素含量较低的饲料产品则需要采用皂化的方式先进行富集，皂化法耗时长，其中需要用到乙醚等有机溶剂，对操作人员存在潜在危害且环境不友好。基于此，有研究中采用二甲基亚砜（DMSO）提取预混料中维生素 A，而后使用液相色谱进行上机分析测定，结果发现，相较于皂化提取法，DMSO 提取操作简便，测试快速，添加 DMSO 和正己烷后，与空气隔绝，以氮吹方式浓缩，维生素 A 不宜被空气氧化，检测值准确性较好、平行性较好，能有效弥补直接提取法与皂化提取法的缺点。如果待测饲料样本中维生素的含量较高时，可以考虑甲醇直接提取法，因为脂溶性维生素能够完全溶解在甲醇中，利用这一特性，研究人员采用甲醇直接提取、高效液相色谱分析的方法检测维生素预混合饲料中 3 种脂溶性维生素的含量，采用 C_{18} 色谱柱（4.6 mm×250mm，5μm），使用简单的甲醇和水做流动相，在波长 275 nm 下就可以实现对维生素 A、维生素 D、维生素 E 的同时检测分析，并且方法学参数满足要求。对于维生素含量较低的饲料样本，可以先进行皂化或者 DMSO 提取后，采用文献报道中的方法，将流动相修改为甲醇：乙酸乙酯（V：V）= 95：5，检测波长调整为 275 nm，就可以满足 5 种脂溶性维生素：维生素 A、维生素 D_2、维生素 D_3、维生素 E（生育酚）、维生素 K_1 的同时分析测定，该方法可在饲料生产企业广泛使用。对于饲料中维生素

K_3 的测定分析，国标方法中也是使用了大量的有机溶剂进行提取，有研究将此方法进行了改进优化，使用亚硫酸氢钠溶液直接提取预混合饲料中的维生素 K_3，几乎不用有机试剂，对人和环境相当友好，且操作步骤简单，方法学指标能够完全满足要求，易于实验室检测和推广。

由于脂溶性维生素容易被空气及光照氧化，在实际生产过程中常常使用淀粉、明胶等基质进行包被，有利于产品的保存，但给分析检测带来困难。有研究为解决包被技术给检测带来的影响进行了相关探索，有研究使用明胶和淀粉在 65℃ 水浴超声条件下易于膨胀破裂，释放维生素 D_3，为下一步有机试剂提取创造条件，并且在前处理中选择乙腈提取，原因是水相形成饱和盐溶液时，能够与乙腈分层，且维生素 D_3 能够溶于乙腈、不溶于水，可直接吸取乙腈层液体上机检测，并且前处理过程中加入抗坏血酸作为抗氧化剂，可以使维生素 D_3 的回收率更高且稳定，上述前处理过程配合后续高效液相色谱分析取得了较好的检测结果，适合在一线检测工作中大规模使用。此外，也可以选用商业化的酶制剂对包被工艺进行破除，商品化蛋白酶制剂如菠萝蛋白酶、木瓜蛋白酶等可用于明胶包埋产品中维生素 A 含量的测定，淀粉酶可用于淀粉包被的维生素 A 含量的测定。

脂溶性维生素由于容易溶解在有机溶剂（如乙腈、丙酮等）中，而有机溶剂容易挥发汽化，利用此特性，可以使用气相色谱对脂溶性维生素进行方法学研究，建立合适的分析方法，可以作为液相色谱分析方法的补充。气相色谱技术主要是利用物质的沸点、极性及对固定相吸附性质的差异来实现混合物的分离。由于样品中各组分的沸点、极性或吸附性能不同，每种组分都在流动相和固定相之间进行反复多次的分配或吸附/解吸，在载气中浓度大的组分先流出色谱柱，而在固定相中分配浓度大的组分后流出，从而达到了分离的目的。由此可见，气相分离主要受目标物的汽化难易程度和分子对固定相的吸附影响，与分子的化学结构密切相关。在天然的维生素 E 中含有 α-生育酚、β-生育酚、γ-生育酚、δ-生育酚以及生育三烯酚等 8 种结构类似物，其中 β-生育酚、γ-生育酚和 β-生育三烯酚、γ-生育三烯酚在苯环的邻位和间位皆有 1 个甲基取代，只是取代基团的位置不同，互为同分异构体。因此 β-生育酚与 γ-生育酚，β-生育三烯酚与 γ-生育三烯酚沸点相近，极性相似，从而造成气相色谱很难将这两组同分异构体分离。国际标准方法（AOAC Official Method 988.14，First Action 1988）和食品安全国家标准（GB 1886.233—2016）作为现行有效的食品中维生素 E 的检测标准，均选择以正己烷或吡啶为提取溶剂，非极性柱作为固定相，十六酸十六酯为内标物，通过气相色谱对天然维生素 E 进行检测，测定了天然维生素 E 粉中的生育酚，该法可很好地对各组分进行定量检测，但 β-生育酚、γ-生育酚不能分离检测。鲍忠定等（2009）通过皂化法对油脂样品进行前处理，之后通过毛细管气相色谱法测定了样品中的 D-α-生育酚和 L-α-生育酚含量。罗赟等（2013）以石油醚—乙醚提取维生素 E，通过超声浸提法前处理后，HP-5 毛细管柱分离，并以三十二烷为内标物，检测了食品中的 4 种生育酚。该法最低检出限分别为：α-维生素 E 4 ng，β-维生素 E 12 ng，γ-维生素 E 12 ng，δ-维生素 E 24 ng，回收率为 83.4%~100.2%，方法精密度良好，但 β-维生素 E 与 γ-维生素 E 无法达到完全分离。同时，也有研究人员使用 MSTFA 作为衍生化试剂，对维生素 E 进行硅烷化处理，检测植物油中的 4 种生育酚，生育酚可达到基线分离，方法的重复性及准确性良好，回收率为 75%~111%。

联用质谱仪的气相色谱技术也可以满足对不同脂溶性维生素的分析检测，有研究中以二苯蒽作为内标物，使用甲醇—正己烷作为溶剂处理功能食品和保健品，通过质谱检测器进行选择离子扫描，该方法可以检测功能食品中的 8 种维生素 E 和 α-生育酚乙酸酯，方法检出限为 0.09~0.46 ng/mL。同样的，Zerbinati 等（2015）通过气质结合衍生化处理方法，测定了血液血浆中的 α-生育酚、γ-生育酚，实现 α-生育酚、γ-生育酚的定量检测。对于配备有液相色谱—串联质谱仪的生产或检测机构，可以利用联用质谱仪的液相色谱具有强大的组分分离与鉴定能力，参考下述分析方法，建立适合本单位实际应用的操作流程，在短时间内完成脂溶性维生素的检测分析，但气相色谱及其联用技术的分析仪器需要的载体不同，样品前处理涉及衍生等过程，适合科研单位等使用，不适合在一线生产和饲料生产企业大批量分析使用。

二、毛细管电泳技术

毛细管电泳技术是以高压电场为驱动力，毛细管为分离通道，依据样品中各组分在毛细管中迁移速度的不同而实现分离的一类液相分离技术。而在此基础上进一步发展的非水毛细管电泳技术（NACE），由于使用有机溶剂作为电泳缓冲液，可增加疏水性物质的溶解度，特别适用于在水中难溶或在水溶液中性质相似的物质分离，已经有研究报道涉及了食品等领域，可以利用此特点进行饲料中脂溶性维生素的检测分析。如研究报道基于此项技术建立了植物油中 4 种天然维生素 E 的检测方法，其以无水甲醇溶液为电泳介质，硼酸盐缓冲液、胆酸钠溶液和氢氧化钠溶液作为改性剂，熔融石英毛细管为分离通道对天然维生素 E 进行分离，进一步利用该法对玉米胚芽油、橄榄油及葵花籽油中的生育酚进行测定，发现在定量范围 1.0～50.0μg/mL，其与 HPLC 法的测定结果相近。

毛细管电泳仪在食品检测行业应用较为广泛，由于饲料基质复杂，前处理需要进行相对比较复杂的过程进行除杂、降低基质效应，因为在饲料检测上毛细管电泳技术尚未大规模使用。此外，由于毛细管电泳仪设备价格较高，应用较为局限，不适合饲料行业实际生产过程大规模的分析检测。

三、薄层层析色谱技术（TLC）

草粉是家禽日粮中脂溶性维生素，尤其是维生素 E 的重要来源。早在 1978 年，乌克兰家禽研究所为了测定草料中的维生素 E 含量，建立了基于 TLC 的快速检测方法。该方法以苯作为提取溶剂，硅胶板作为固定相，氯仿为流动相，同时以氯化铁与 2,2-联吡啶混合溶液作为显色剂，可对草粉中天然维生素 E 进行分离，并对 α-生育酚进行快速半定量检测。TLC 作为分离维生素 E 不同构象的经典方法，在食品行业得到了广泛应用。对于饲料行业，TLC 法前处理简单，操作方便，且目前 TLC 已完全实现自动化，更加快速、高效、准确，但是薄层色谱理论塔板数较低，分离效率差，不同脂溶性维生素的分离效果不理想，目前在饲料分析领域已经基本不再使用。

四、光谱法快速检测技术

光谱法因具有实验操作简化、检测用品易得、分析方法快速准确等特点，应用前景十分广阔。通过快速检测技术对食品、饲料、医药化妆品的质量进行有效的评价，已成为目前检测领域的研究热点，也是未来的发展方向。光谱法由于不需要对样品进行复杂的前处理，操作简单，响应快，因而更容易实现快速检测。然而光谱法没有色谱技术的分离功能，很难实现对不同脂溶性维生素的同时分析，只能单独检测某种维生素的总量。

1. 紫外分光光度法

维生素 E 结构中含有游离的酚羟基，可被强氧化剂氧化生成醌。生育酚可以将 Fe^{3+} 还原成 Fe^{2+}，Fe^{2+} 可与 1,10-菲啰啉发生有色反应，于某一波长下具有最大吸收，在一定浓度范围内，其吸收值与生育酚含量成正比。利用该原理，有研究报道建立了油脂中天然维生素 E 的紫外分光光度检测方法，研究了显色剂、反应剂及终止剂浓度、反应时间、最大吸收波长等参数对天然维生素 E 检测的影响，确定了最佳检测条件。检测结果与 HPLC 结果相比，最大偏差不超过 5%。

紫外分光光度计在饲料行业属于应用较为普遍的仪器，在脂溶性维生素的检测分析中常常被用来校正皂化后标准品的含量，因此，可以在实际工作中使用该仪器进行脂溶性维生素饲料添加剂纯度的测定分析。

2. 近红外光谱法

近红外光谱（NIR）是介于可见光和中红外光之间的电磁波谱，波数为 10 000~40 000 cm^{-1}。在近红外区域产生的特征吸收主要为化合物极性官能团化学键的伸缩振动倍频和合频。通过适当的化学计量学多元校正方法，把校正后样品的近红外吸收光谱与其成分浓度或性质数据进行关联，建立校正样品吸收光谱与其成分浓度或性质间的关系—校正模型，应用该模型可对待测样品进行定性或定量检测。Silva 等（2009）采用近红外光谱技术结合化学计量学工具对植物油中的维生素 E 进行了定量检测。首先通过光谱扫描获得了 α-生育酚的红外光谱信息，之后建立了不同特征波段的偏最小二乘法（PLS）回归模型，通过优化条件，最终选择以 1 078~1 472 cm^{-1}波段的图谱信息建立了校正模型。该课题组在衰减全反射模式下对混合油、菜籽油、花生油、大豆油及葵花籽油等 5 种食用植物油中的 α-生育酚进行定量检测，并将测定结果与 HPLC 比较，结果表明，两种方法的测定结果无显著差异。近红外光谱法测定植物油中的 α-生育酚不需对样品进行复杂前处理，方法快速、准确、不消耗化学试剂，但检测结果易受基质干扰，不能用于成分复杂样品中的 α-生育酚的测定，且校正模型的优劣决定了定量和定性分析的准确性，因此近红外光谱分析需要持续添加样本对模型进行校正。此外，基于不同饲料类型使用近红外光谱法时需要进行校正，有研究中探讨了不同载体稀释剂对预混合饲料中维生素 E 的检测影响，采集商品维生素 E 粉剂，以市场上常见的二氧化硅、脱脂米糠和石粉为载体稀释剂，通过混匀机混匀配制了浓度范围为 5~250 IU/g 的维生素 E 预混合饲料，并采集其近红外光谱。研究比较了不同扫描次数和分辨率对近红外光谱质量的影响，比较了不同载体稀释剂预混合饲料中维生素 E 的特征峰及不同光谱预处理方式下维生素 E PLS 回归模型的定量精度，并从 PLS 回归模型中的 VIP Score 值的角度来分析模型的差异性，结果发现 16 cm^{-1}分辨率和 32 次扫描次数为适宜的光谱采集参数；不同载体稀释剂预混合饲料的近红外光谱差异明显，二氧化硅、脱脂米糠和石粉为载体的预混合饲料维生素 E 主要特征吸收峰不同。

近红外光谱是现在饲料行业，尤其是集团性质的大型饲料生产企业的基本必备仪器，在饲料水分、粗蛋白和粗脂肪快速分析方面有着样品无须前处理、分析简单快速、结果准确的优势，利用该仪器进行方法建模，非常适合维生素原料纯度和含量的快速分析。

3. 荧光光谱法

该方法非常适用于维生素 E 的检测分析，由于维生素 E 同系物具有相同的共轭双键体系，因此其激发光谱和发射光谱非常相近（相差±2 nm），通过该原理，可通过荧光法测定样品中总维生素 E 含量。李英丽等以石油醚作为萃取溶剂，通过同步荧光检测了蔬菜中维生素 E，消除了萃取溶剂对目标物的荧光干扰，该法定量限为 0.01 mg/L，操作较为简便、快速，如遇到样品中同时含有天然维生素 E 和其他维生素时，也可使用荧光法实现不分离测定混合物中的维生素 E。

荧光法非常适合于测定饲料中维生素 E 的含量，但需要防止饲料样品中某些干扰荧光强度的物质的存在，因此对样品前处理，特别是样品净化步骤有着严格的要求。一般在检测饲料中的维生素 E 时，都需要对样品进行皂化，以减少样品基质对检测的干扰。

五、电化学分析技术

电化学法可用于测定脂溶性维生素，利用维生素结构中的酚羟基可在电极上发生不可逆氧化，通过测定氧化峰电流计算脂溶性维生素的含量。由于维生素 E 各异构体的氧化电位差别小，电化学图谱上各生育酚氧化峰发生重叠，电化学分析法只能测定维生素 E 的总量，无法获取各生育酚单体的定量信息。在医学研究中有使用电化学方法测定生物样品中维生素 A 含量的报道。使用电化学方法具有检测速度快、灵敏度高的优点，但该法在检测中易受到复杂基质的干扰，同时该法需要建立校正模型，将耗费较多的费用和时间进行模型建立与维护，因此不太适合在饲料行业实际生产时进行大规模应用。

本章小结

本章内容中，作者将目前研究报道涉及饲料、食品和生物样品中维生素的检测方法进行了总结，对每种新方法的优缺点和实际应用过程中应注意的要点进行了概括。本书读者在实际维生素检测分析工作过程中，要重点注意饲料样品基质复杂、不同类型饲料样品的前处理需要区别对待的影响因素，根据本单位实际仪器设备状态、操作人员的实际检测分析能力水平进行相关方法研究建立，最终实现维生素检测更快速、更准确、更高通量。

参考文献

鲍忠定，魏颖栋，丁献荣，等，2009. 毛细管气相色谱法测定油脂中 D-α-生育酚和 L-α-生育酚［J］. 粮油食品科技，17（5）：24-25.

蔡莹瀛，夏苗苗，董会娜，等，2018. 常压室温等离子体（ARTP）诱变及高通量筛选维生素 B_{12}高产菌株［J］. 天津科技大学学报，33（2）：20-26.

程忠刚，林映才，郑黎，2002. 复合维生素添加剂的稳定性及品质保护［J］. 粮油食品科技（5）：33-35.

崔立，1999. 烟酸在动物营养上的应用［J］. 饲料研究（4）：11-12.

付炎，李力更，王于方，等，2015. 天然药物化学史话：维生素 B_{12}［J］. 中草药，46（9）：1259-1264.

顾君华，2019. 维生素传［M］. 第 2 版 . 北京：中国农业科学技术出版社 .

郭勇，吴春艳，罗绍兰，等，2020. 广州市 3 岁以下儿童血清维生素 A 水平调查分析［J］. 中国妇幼卫生杂志，11（3）：61-64.

郭振振，唐玉国，孟凡渝，等，2018. 荧光碳量子点的制备与生物医学应用研究进展［J］. 中国光学，11（3）：431-443.

贺平，袁方龙，王子飞，等，2018. 基于碳量子点的光电器件应用新进展［J］. 物理化学学报，34（11）：1250-1263.

黄娟，卢沛明，2015. 免疫亲和-HPLC 法测定婴幼儿配方乳粉中维生素 B_{12}［J］. 中国食物与营养，21（11）：71-73.

黄娟，吕伟军，2016. 测定预混合饲料中维生素 A 乙酸酯前处理方法的比较［J］. 饲料研究，（11）：47-51.

黄忠，1998. 配合饲料的质量保障［J］. 中国饲料（3）：33-34.

蒋孟虹，许苹，秦峰，等，2016. 微生物法测定肠内营养粉剂中微量维生素 B_{12}的含量［J］. 食品安全质量检测学报，7（3）：893-897.

孔凡科，郭吉原，杨青，等，2020. 储存时间、铜源及其添加水平对脂溶性维生素稳定性的影响［J］. 中国畜牧杂志，56（12）：129-132.

李海燕，2020. 高效液相色谱检测饲料和饲料添加剂中的 B_{12}［J］. 质量安全与检验检测（5）：38-40.

李江，綦艳，田秀梅，等，2017. 酶联免疫法检测婴幼儿配方奶粉中的维生素 B_{12}［J］. 食品工业，38（8）：250-252.

李娜，王一村，王萌，等，2018. 奶粉中维生素 B_{12} 及叶酸的检测方法对比［J］. 中国标准化（5）：120-126.

李英丽，邓连琴，果秀敏，等，2009. 同步荧光法测定蔬菜中维生素 E 含量［J］. 河北大学学报（自然科学版），29（4）：412-415.

梁玉树，易锡斌，何开蓉，等，2016. UPLC-MS/MS 同时测定配合饲料中 6 种水溶性维生素的含量［J］. 饲料工业，37（17）：52-57.

林月霞，吕林，罗绪刚，等，2006. 碱式氯化铜对肉仔鸡的生物学有效率、饲料中维生素 E 的氧化稳定性和生物安全性研究［J］. 畜牧兽医学报（2）：141-145.

刘成模，王华朗，杨曦，等，2015. 液相色谱法检测配合饲料中维生素 A 含量［J］. 饲料广角（16）：42-44.

刘杰，龚蕾，朱晓玲，等，2019. 高效液相色谱—电感耦合等离子体质谱法测定配方食品中的维生素 B_{12}［J/OL］. 食品科学：01-09.

刘进玺，钟红舰，董小海，2010. 超高效液相色谱—质谱联用测定维生素预混合饲料中生物素含量［J］. 分析实验室，7：62-64.

刘雪芹，周嘉明，杨莹，等，2019. 预混合饲料中维生素 A 3 种提取方法的比较研究［J］. 食品质量安全检测学报，10（11）：3410-3413.

刘云，丁霄霖，胡长鹰，2005. 分光光度法测定天然维生素 E 总含量［J］. 粮油食品科技，13（4）：47-49.

罗赟，孙成均，2013. 气相色谱法同时测定食品中四种维生素 E 异构体［J］. 中国卫生检验杂志，23（4）：824-826.

吕明，关放，程屹，等，2015. 高效液相色谱法快速测定饲料中脂溶性维生素 A、D_3、E 及其关键点［J］. 畜禽业（5）：67.

宁霄，金绍明，刘雅丹，等，2017. 超高效液相串联质谱法同时测定保健食品中 10 种水溶性维生素［J］. 中国药事，31（4）：392-402.

潘瑶，唐建华，龙必强，等，2018. 建立 RP-HPLC 法同时测定复合维生素注射液中 11 种维生素含量［J］. 药物分析杂志，38（3）：443-449.

沈泓，姜侃，刘鹏鹏，等，2018. 比浊法实时培养测控多种基质维生素 B_{12} 质量浓度［J］. 中国乳品工业，46（3）：52-54.

沈辉，陈中兵，金国钰，等，1997. 新型饲料添加剂：稳定性固态氯化胆碱的研究［J］. 粮食与饲料工业（8）：18-20.

沈辉，刘当慧，1990. 预混合饲料中微量元素对 V_A 稳定性的影响［J］. 中国粮油学报

（4）：63.

盛蕴纯，П. Сурай，1987. 草粉中维生素 E 含量的快速测定法［J］. 国外畜牧学（猪与禽），3：56–57.

施煜，林加如，辛希奕，等，2018. 液相色谱—质谱法测定运动饮料中 9 种水溶性维生素［J］. 化学分析计量，27（5）：29–33.

石冬冬，刘志英，常淑平，等，2015. 利用近红外图谱技术同时检测预混料中多种维生素含量的研究［J］. 粮食与饲料工业，8：61–65.

孙海霞，2000. 复合预混料在贮存过程中有效成分稳定性的研究：维生素［D］. 哈尔滨：东北农业大学.

孙明君，陈雍硕，郑小龙，等，2014. SPR 技术对奶粉中维生素 B_{12} 检测方法的建立［J］. 食品安全质量检测学报，5（12）：3891–3897.

索德成，赵小阳，李兰，2015. 高效液相色谱法同时测定预混合饲料中维生素 C、维生素 B_2 及其磷酸盐［J］. 中国饲料（2）：34–37.

王爱卿，张嘉楠，杨赵伟，等，2019. 快速检测复合预混合饲料中维生素 D_3 含量的高效液相色谱法［J］. 粮食与饲料工业，8：66–67.

王国玲，邵立君，聂宏骞，等，2018. B 族维生素片中维生素 B_{12} 电感耦合等离子体质谱法间接测定［J］. 中国公共卫生，34（3）：462–464.

王燕妮，陈玉艳，查珊珊，等，2017. 不同载体预混合饲料中维生素 E 近红外光谱模型［J］. 中国农业科学，50（20）：4012–4020.

王志刚，2006. 包被硫酸亚铁对维生素 A 稳定性及断奶仔猪生物学效价研究［D］. 雅安：四川农业大学.

谢佳，施璐盛，陈家焕，等. 高效液相色谱法检测饲料中三种脂溶性维生素［C］. 第二十届全国色谱学术报告会及仪器展览会论文集（第四分册）.

谢璐遥，王变，马康，等，2018. 中国常见食物维生素 B_{12} 含量［J］. 中国食物与营养，24（2）：73–76.

徐家根，刁岩忠，2016. 改进 HPLC 法测定注射用多种维生素中维生素 B_{12} 的含量［J］. 中国药房，27（36）：5159–5161.

杨发树，赵艳，刘耀敏，等，2016. 高效液相色谱法测定预混合饲料中的维生素 K_3［J］. 饲料研究，02：51–53.

阴季悌，1988. 制粒对鸡饲料中维生素 A 检测水平的影响［J］. 黑龙江畜牧兽医（6）：47–48.

于家丰，2018. 液相色谱—串联质谱法检测饲料原料中维生素 A、维生素 D_3、维生素 E［J］. 食品安全导刊，（10）：29–31.

余文，谢冠东，崔生辉，2016. 试剂盒法快速检测婴幼儿乳粉及功能饮料中维生素 B_{12} 的研究［J］. 食品安全质量检测学报，7（6）：2477–2482.

张金霞，史慧琴，李谦，等，2017. HPLC 法测定药渣中维生素 B_{12}残留量［J］. 养殖与饲料（4）：10-12.

张憬，梁斌，吴志奇，等，2018. 高效液相色谱法同步测定添加剂预混合饲料中六种水溶性维生素［J］. 中国饲料（19）：85-87.

张立佩，胡博，王建华，2011. 量子点荧光探针检测抗坏血酸［J］. 高等学校化学学报，32（3）：688-693.

张翼，郭永红，胡志雄，等，2017. 生育酚的薄层色谱快速定性分析［J］. 粮食与食品工业，24（5）：9-12.

赵小华，吴桂英，寇贺红，等，2010. 利用酶解法测定复合维生素溶液中维生素 A 含量的研究［J］. 饲料工业，31（6）：51-53.

赵小阳，虞哲高，刘志英，等，2019. 酶制剂在饲料添加剂维生素 A 含量测定中的应用［J］. 中国畜牧杂志，5（12）：143-146.

周爱儒，2011. 生物化学［M］. 第 6 版 . 北京：人民卫生出版社.

周黎，余以刚，徐红，等，2018. 免疫亲和柱—超高效液相色谱法测定维生素饮料中维生素 B_{12}［J］. 中国食物与营养，24（3）：27-29.

ADOLFO F R, do NASCIMENTO P C, BOHRER D, et al., 2016. Simultaneous determination of cobalt and nickel in vitamin B_{12} samples using high-resolution continuum source atomic absorption spectrometry［J］. Talanta, 147（10）: 241-245.

GALEANO-DÍAZ T, ACEDO-VALENZUELA M I, SILVA-RODRÍGUEZ A, 2012. Determination of tocopherols in vegetable oil samples by non-aqueous capillaryelectrophoresis（NACE）with fluorimetric detection［J］. Journal of Food Composition and Analysis, 25（1）: 24-30.

GHOLAMI J, MANTEGHIAN M, BADIEI A, et al., 2015. Label free detection of vitamin B_{12} based on fluorescence quenching of graphene oxide nanolayer［J］. Fullerenes, Nanotubes and Carbon Nanostructures, 23（10）: 878-884.

HASNAT F, BHUIYAN H A, MISBAHUDDIN M, 2017. Estimation of vitamin B_{12} in plasma by high performance liquid chromatography［J］. Bangladesh Journal of Pharmacology, 12（3）: 251-255.

HEUDI O, KILIN T, FONTANNAZ P, 2006. Determination ofvitamin B_{12} in food products and in premixes by reversed-phase high performance liquid chromatography and immunoaffinity extraction［J］. Journal of Chromatography A, 1101（2）: 63-68.

KONG D Z, LIU L Q, SONG S S, et al., 2017. Development of sensitive, rapid, and effective immunoassays for the detection of vitamin B_{12} in fortified food and nutritional supplements［J］. Food Analytical Methods, 10（1）: 10-18.

LECHNER M, REITER B, LORBEER E, 1999. Determination of tocopherols and sterolsin vegetable oils by solid-phase extraction and subsequent capillary gas chromatographic analysis [J]. Journal Chromatography A, 857 (1): 231-238.

LI D, YUAN Q, YANG W, 2018. Efficient vitamin B_{12}-imprinted boronate affinity magnetic nanoparticles for the specific capture of vitamin B_{12} [J]. Analytical Biochemistry, 9 (9): 561-562.

LI Y P, JIA Y, ZENG Q, et al., 2019. A multifunctional sensor for selective and sensitive detection of vitamin B_{12} and tartrazine by Forster resonance energy transfer [J]. Spectrochimica Acta Part A: Molecular and Biomolecular Spectroscopy, 211: 178-188.

LU D, YANG Y, WU X, et al., 2015. Simultaneous determination of eight vitamin E isomers and alpha-tocopherol acetate in functional foods and nutritional supplements by gas chromatography-mass spectrometry [J]. Analytical Methods, 7 (8): 3353-3362.

MEDINAALONSO G, CARRASCOFUENTES M, DELPILARCANIZARESMACIAS M, 2005. Coupling on-line of a dialyser with a flow-continuous system to separate vitamin B from milk [J]. Talanta, 68 (2): 292-297.

MOAZENI M, KARIMZADEH F, KERMANPUR A, 2017. Development of an electrochemical biosensor for vitamin B_{12} using D - phenylalanine anotubes [C]. AIP Conference Proceedings: 1-6. doi: 10.1063/1.5018964.

NISANSALA P A D, KAUMAL M N, 2017. Development of a Low-Costportable paper-based microfluidic device for the detection and quantification of vitamin B_{12} [J]. International Journal of Chemical & Pharmaceutical Analysis, 3 (4): 1-5.

PARVIN M H, AZIZI E, ARJOMANDI J, et al., 2018. Highly sensitive and selective electrochemical sensor for detection of vitamin B_{12} using an Au/PPy/FMNPs@ TD-modified electrode [J]. Sensors and Actuators B: Chemical, 261: 335-344.

RADU A I, KUELLMER M, GIESE B, et al., 2016. Surface-enhanced Raman spectroscopy (SERS) in food analytics: Detection of vitamins B_2 and B_{12} in cereals [J]. Talanta, 160: 289-297.

SELVAKUMAR L S, THAKUR M S, 2012. Dipstick based immunochemilumine scence biosensor for the analysis of vitamin B_{12} in energy drinks: A novel approach [J]. Analytica Chimica Acta, 722: 107-113.

SELVAKUMAR L S, THAKUR M S, 2012. Nano RNA aptamer wire for analysis of vitamin B_{12} [J]. Analytical Biochemistry, 427 (2): 151-157.

SHAIK M M, GAN S H, 2013. Rapid resolution liquid chromatography method development and validation for simultaneous determination of homocysteine, vitamins B_6, B_9, and B_{12} in human serum [J]. Indian Journal of Pharmacology, 45 (2): 159-167.

SILVA S D, ROSA N F, FERREIRA A E, et al., 2009. Rapid determination of α-tocopherolin vegetable oils by fourier transform infrared spectroscopy [J]. Food Analytical Methods, 2 (2): 120-127.

WANG J L, WEI J H, SU S H, et al., 2015. Novel fluorescence resonance energy transfer optical sensors for vitamin B_{12} detection using thermally reduced carbon dots [J]. New Journal of Chemistry, 39 (1): 501-507.

WANG M Q, LIU Y J, REN G H, et al., 2018. Bioinspired carbon quantumdots for sensitive fluorescent detection of vitamin B_{12} in cell system [J]. Analytica Chimica Acta, 1032: 154-162.

YANG N J, WAN Q J, WANG X X, 2005. Voltammetry of vitamin B_{12} on a thin self-assembled monolayer modified electrode [J]. Electrochimica Acta, 50 (11): 2175-2180.

ZERBINATI C, GALLI F, REGOLANTI R, et al., 2015. Gas chromatography-mass spectrometry microanalysis of alpha-and gamma-tocopherol in plasma and whole blood [J]. Clinica Chimica Acta, 446: 156-162.